ISW 21

Berichte aus dem Institut für Steuerungstechnik
der Werkzeugmaschinen und Fertigungseinrichtungen
der Universität Stuttgart

Herausgegeben von Prof. Dr.-Ing. G. Stute

R. WILHELM

Planung und Auslegung des Materialflusses flexibler Fertigungssysteme

Springer-Verlag
Berlin · Heidelberg · New York 1979

D 93

Mit 83 Abbildungen

ISBN-13:978-3-540-08590-4   e-ISBN-13:978-3-642-81214-9
DOI: 10.1007/978-3-642-81214-9

2362/3020−543210

Vorwort des Herausgebers

Das Institut für Steuerungstechnik der Werkzeugmaschinen und Fertigungseinrichtungen der Universität Stuttgart befaßt sich mit den neuen Entwicklungen der
Werkzeugmaschine und anderen Fertigungseinrichtungen, die insbesondere durch
den erhöhten Anteil der Steuerungstechnik an den Gesamtanlagen gekennzeichnet
sind. Dabei stehen die numerisch gesteuerte Werkzeugmaschine in Programmie-
rung, Steuerung, Konstruktion und Arbeitseinsatz sowie die vermehrte Verwendung des Digitalrechners in Konstruktion und Fertigung im Vordergrund des Interesses.

Im Rahmen dieser Buchreihe sollen in zwangloser Folge drei bis fünf Berichte pro
Jahr erscheinen, in welchen über einzelne Forschungsarbeiten berichtet wird. Vorzugsweise kommen hierbei Forschungsergebnisse, Dissertationen, Vorlesungsmanu-
skripte und Seminarausarbeitungen zur Veröffentlichung.

Diese Berichte sollen dem in der Praxis stehenden Ingenieur zur Weiterbildung
dienen und helfen, Aufgaben auf diesem Gebiet der Steuerungstechnik zu lösen.
Der Studierende kann mit diesen Berichten sein Wissen vertiefen.

Unter dem Gesichtspunkt einer schnellen und kostengünstigen Drucklegung wird
auf besondere Ausstattung verzichtet und die Buchreihe im Fotodruck hergestellt.

Der Herausgeber dankt dem Springer-Verlag für Hinweise zur äußeren Gestaltung
und Übernahme des Buchvertriebs.

Stuttgart, im Februar 1972

Gottfried Stute

Inhaltsverzeichnis   Seite

Schrifttum

[1] Kuhnert,H. u.a.   Projektierung flexibler Fertigungssysteme.
Ind.-Anz.93(1971)Nr.60,S.1512...1521.

[2] Stute,G. u.a.   Flexible Fertigungssysteme.
wt-Z.ind.Fert.64(1974)3,S.147...156.

[3] Wilhelm,R.   Analyse flexibler Fertigungssysteme.
wt-Z.ind.Fertig.66(1976)9,S.529...536.

[4] Junghanns,W.   Planung neuer Fertigungsysteme für
die Einzel- und Serienfertigung.
Diss. TH Aachen,1971.

[5] Hormann,D.   Betriebsrechnergesteuerte Fertigungssysteme.
Diss. TH Aachen,1973.

[6] Olbrich,W.,
Wiendahl,H.P.   Methoden von Investitionen für die
Einzel- und Kleinserienfertigung.
wt-Z.ind.Fert.62(1972)11,S.652...657.

[7] Goebel,H.   Planungsgrundsätze für die Lieferung
von Gesamtfertigungsanlagen.
wt-Z.ind.Fert.64(1974)3,S.128...133.

[8] Goebel,H. u.a.   Organisatorische Maßnahmen für den
Einsatz flexibler Fertigungssysteme.
Ind.-Anz.96(1974)Nr.70,S.1598...1604.

[9] Koenigsberger,F.   Planung der Fertigung und Montage.
Ind.-Anz.96(1974)Nr.70,S.1586...1591.

[10] Maßberg,W.   Der Einfluß der Vielgestaltigkeit eines
Werkstückes auf den Einsatz numerisch
gesteuerter Werkzeugmaschinen und
maschineller Programmierverfahren.
Diss. TH Aachen,1965.

[11] Stute,G.,   Flexibles Fertigungssystem
     Storr,A.,   -Aufbau einer Modellanlage.
     Binder,D.,   Annals of the CIRP, Vol.24/1/1975,
     Wilhelm,R.   S.285...290.

[12] Bauer,E.   Rechnerdirektsteuerung von Ferti-
                     gungseinrichtungen.
                     Berlin, Heidelberg, New York:
                     Springer 1975.

[13] Spur,G.,   Entwicklungsstand integrierter
     Feldmann,K.,   Fertigungssysteme.
     Mathes,H.   ZwF 68(1973)H.5,S.229...236.

[14] Feldmann,K.   Beitrag zum Entwicklungsstand numerisch
                     gesteuerter Drehmaschinen.
                     ZwF 70(1975)H.2,S.53...58.

[15] Gunsser,O.   Flexible NC-Fertigungssysteme als
                     Mittel zur Rationalisierung.
                     Werkst. u. Betr. 107(1974)H.8,
                     S.463...468.

[16] Scharf,P.,   Integrierte, flexible Fertigungssyste-
     Schulz,E.   me. Erster Teil: Stand und Entwicklung
                     industrieller Konzeptionen.
                     wt-Z.ind.Fertig.63(1973)3,S.130...136.
                     Zweiter Teil: Stand und Entwicklung
                     industrieller Konzeptionen.
                     wt-Z.ind.Fertig.63(1973)4,S.199...206.

[17] Brosheer,C.   The NC plant goes to work.
                     Amer.Mach.111(Oct.23,1967),S.138...144.

[18] Brosheer,C.   Variable mission machining.
                     Amer.Mach.112(Sept.9,1968),S.137...145.

[19] Kämmer,K.   Ein Fertigungssystem der Zukunft
                     -Molins System 24.
                     ZwF 65(1970)H.8,S.379...383.

- 10 -

[20] Pfeifer,T.   Internationale Werkzeugmaschinenaus-
                           stellung in Tokio.
                           Ind.-Anz.95(1973)Nr.14,S.241...248.

[21] Inaba,S.   DNC-System mit Roboter.
                           Werkst.u.Betr.107(1974)H.12,S.751...758.

[22] Koschnik,G.   Prisma 2 - ein integriertes NC-Ferti-
                           gungssystem.
                           ZwF 69(1974)H.9,S.442...446.

[23] Klaus,P.   Automatischer Werkstückfluß für Ma-
                           schinensysteme ROTA-F-125-NC.
                           Fertigungstechn.u.Betr.21(1971)Nr.9,
                           S.559...560.

[24] Malle,K.   Werkzeugmaschinen der DDR auf der
                           Leipziger Frühjahrsmesse 1972.
                           wt-Z.ind.Fertig.62(1972)7,S.393...398.

[25] Walk,G.   Flexibles Fertigungssystem für Rota-
                           tionsteile.
                           Werkst.u.Betr.105(1972)H.1,S.9...12.

[26] Mönkemöller,H.   Werkzeugmaschinen für ein automati-
                           sches Fertigungssystem.
                           Werkst.u.Betr.105(1972)H.3,S.213...217.

[27]   Offenlegungsschriften des Deutschen
                           Patentamtes:

Firma	Schrift-nummer	Datum
Sundstrand Corp.	1809745	26.6.1969
Kearney u.Trecker	1300418	27.7.1969
Cincinnati Milling Machine Co.	1814452	28.8.1969
Cincinnati Milling Machine Co.	1814458	28.8.1969
Cargill	1915817	6.11.1969

[28] Storr,A.,
Wilhelm,R.

Beitrag zur Systematik von Werkzeug-
wechselsystemen an automatisierten
Werkzeugmaschinen.
wt.-Z.ind.Fertig.64(1974)10,S.619...625.

[29] VDI 3240

Verkettung von Fertigungseinrichtungen. Begriffe, Kennzeichen, Anforderungen. Ausgabe Dezember 1958.

[30] VDI 3300

Materialflußuntersuchungen.
Ausgabe November 1959.

[31] Ropohl,G.

Flexible Fertigungssysteme.
Mainz: Krausskopf Verlag 1971.

[32] Spur,G.
Feldmann,K.

Optimale Arbeitsraumgestaltung am
Beispiel automatischer Drehmaschinen.
wt-Z.ind.Fertig.62(1972)6,S.341...346.

[33] VDI 2366,
Blatt 1

Gliederung der Fördermittel.
Ausgabe Februar 1963.

[34] Spur,G.,
Rittinghausen,H.,
Weisser,W.

Tendenzen der Materialflußautomati-
sierung in der Klein- und Mittelserien-
fertigung.
wt-Z.ind.Fertig.67(1977)1,S.9...15.

[35] Zangemeister,C.

Nutzwertanalyse in der Systemtechnik.
München: Wittemannsche Buchhandlung
1973.

[36] Koreimann,D.S.

Systemanalyse.
Berlin, New York: Walter de Gruyter
1972.

[37] Wilhelm,R.

Planung und Aufbau der Modellanlage
eines flexiblen Fertigungssystems.
Essen: Girardet-Verlag:HGF-Kurzberichte
(Lose-Blattsammlung),Blatt 76/29.

[38]   Bibliography on Simulation.
                             Hrsg. IBM Corp., Form No.320-0924,
                             1966.

[39] Gordon,G.   Systemsimulation.
                             München, Wien: R.Oldenbourg Verlag 1972.

[40] Stute,G.,   How to find the optimal configuration
     Bauer,E.,   for a flexible manufacturing system.
     Wilhelm,R.   Proceedings, NAMRC-IV,Fourth Northame-
                             rican Metalworking Research Conference
                             May 17...19,1976,S.408...415.

[41] Stute,G.,   Workflow layout of a flexible manufac-
     Bauer,E.,   turing system.
     Wilhelm,R.   Pre-prints,Vol.2,PROLAMAT 76, The
                             Third International Conference on
                             Programming Languages for Machine
                             Tools, June 15...18,1976,S.1...25.

[42] Pennel,H.J.   Simulation und die Simulationsspra-
                             chen SIMSCRIPT und GPSS II.
                             Elektron.Datenverarb.7(1975)3,
                             S.130...140.

[43] Kampe,G.   Simscript.
                             Braunschweig: Friedr. Vieweg und Sohn
                             1971.

[44] Kümmerle,K.   Ein Vorschlag zur Berechnung der Ver-
                             trauensintervalle bei Verkehrstests.
                             A.E.Ü.Band 23(1969)10,S.507...511.

[45] Gudehus,T.   Auswahlregeln für Geschwindigkeiten
                             von Regalförderzeugen.
                             fördern und heben 22(1972)Nr.1,
                             S.33...35.

[46] Wilhelm,R.,
     Döttling,W.

Auslegung und Organisation des Materialflusses eines flexiblen Fertigungssystems.
wt-Z.ind.Fertig.67(1977)1,S.529...536.

[47] Stute,G.,
     Bauer,E.,
     Wilhelm,R.

Flexible Fertigungssysteme - Planung
und Auslegung des Werkstückflußsystems.
Annals of the CIRP, Vol. 25/1/1976,
S.335...339.

[48] Kreyszig,E.

Statistische Methoden und ihre Anwen-
dungen.
Göttingen: Vandenhoeck u. Ruprecht
1973.

[49] VDI 3561

Testspiele zum Leistungsvergleich und
zur Abnahme von Regalförderzeugen.
Ausgabe Juli 1973.

[50] Gudehus,T.

Grundlagen der Kommissioniertechnik.
Essen: Girardet-Verlag 1973.

[51] Schaab,W.

Technisch-wirtschaftliche Studie über
die optimalen Abmessungen automatischer
Hochregallager unter besonderer Berücksichtigung der Regalförderzeuge.
Diss. TU Berlin, 1968.

[52] Gudehus,T.

Wohin mit der Kopfstation?
Materialfluß (1972)Nr.4,S.66...68.

[53] Bronstein,I.N.,
     Semendjajew,K.A.

Taschenbuch der Mathematik.
Zürich, Frankfurt: Verlag Harri Deutsch
1967.

[54] Witthoff,J.

Der kalkulatorische Verfahrensver-
gleich. Das Refa-Buch Bd. 5.
München: Carl Hanser Verlag 1960.

[55] Warnecke,H.J. Wirtschaftlichkeitsrechnung.
Vorlesungsmanuskript 1973.

[56] VDI 3258, Kostenrechnung mit Maschinenstunden-
  Blatt 1 sätzen. Begriffe, Bezeichnungen, Zusammenhänge. Ausgabe Oktober 1962.

[57] VDI 3258, Kostenrechnung mit Maschinenstunden-
  Blatt 2 sätzen. Erläuterungen und Beispiele.
Ausgabe März 1964.

[58] Schöne,A. Simulation technischer Systeme.
Bd.1,2,3.
München, Wien: Carl Hanser Verlag 1974.

[59] VDI 2222 Konstruktionsmethodik - Konzipierung
technischer Produkte.
Berlin, Köln: Beuth-Vertrieb, Entwurf
1973.

[60] VDI 2696 Simulationsmethoden im Materialfluß.
Ausgabe Januar 1971.

[61] Stute,G., Flexible manufacturing system
  Wilhelm,R. planning, design and applications.
Proceedings, CAM 78, conference on
Computer Aided Manufacture,
June 20...22, 1978, Paper No 6.2,
S.1...22.

Abkürzungen

F1	Berechnung aufgrund mittlerer Transportwege	NC	Numerical Control (Numerische Steuerung)
F2	Berechnung aufgrund der Einzeltransportzeiten	RBG	Regalbediengerät
		S	Simulation
FFS	Flexibles Fertigungssystem	SBG	Stationsbediengerät
		v	oder
H	Hoch	X	Ja
K	Klein	ZBG	Zentralspeicherbediengerät (zweites RBG)
Kap.	Kapitel, Abschnitt		
N	Normalwert		

Warteschlange:

BQUE...vor Regal NQUE...nach Station

FQUE...fertiger Werkstücke WQUE...der Stationsanforderungen

MQUE...vor Station

Schichtbetriebsarten:

1/1 Eine Fertigungsschicht je Tag mit Bedienungspersonal

3/3 Drei Fertigungsschichten je Tag mit Bedienungspersonal

3/1 Drei Fertigungsschichten je Tag mit Bedienungspersonal in nur einer Schicht.

Bezeichnung der Werkstückflußvarianten: A1, A2, A3, B1

Formelzeichen und Einheiten

Die verwendeten Bezeichnungen und Formelzeichen orientieren sich an den folgenden Vorschriften und Empfehlungen:

DIN 1302 Mathematische Zeichen

DIN 1304 Allgemeine Formelzeichen

$\bar{a}_x$ m/s^2 mittlere Beschleunigung in x-Achse

$\bar{a}_y$ m/s^2 mittlere Beschleunigung in y-Achse

f_P s^{-1} Palettenfrequenz

f_P^* s^{-1} Palettenfrequenz bei voller Stationsauslastung

f_T	s^{-1}	Transportfrequenz
$f_{ü1}$	s^{-1}	Übergabefrequenz des Stationsbediengerätes
$f_{ü2}$	s^{-1}	Übergabefrequenz des Zentralspeicherbediengerätes
$F(X)$	-	Verteilungsfunktion
H_R	m	Regalhöhe
K_{BED}	-	Verhältnis der Werkstückzeit in der Bedienschicht zur Werkstückzeit in der autonomen Schicht
K_G	DM/a	Gesamte jährliche Kosten eines Werkstückflusses
$K_{G,WS}$	DM	Kosten je Werkstück
K_L	DM/a	jährliche Lohnkosten je Person
K_P	DM/a	jährliche Kosten je Palette
K_R	DM/a	jährliche Kosten je Regalfach
K_T	DM/a	jährliche Transportmittelkosten
K_{UT}	DM/a	jährliche Kosten je Spanntisch
L_R	m	Regallänge
$l_{R,x}$	m	Regalfachbreite
$l_{R,y}$	m	Regalfachhöhe
M	-	Anzahl Fertigungsstationen
p_E	-	Einlagerungszeile
p_i	-	Variable für Regalzeile
p_{max}	-	maximale Anzahl von Regalzeilen
q_E	-	Einlagerungsspalte
q_i	-	Variable für Regalspalte
q_j	-	Variable für Regalspalte (Startfach)
q_{max}	-	maximale Anzahl von Regalspalten
$\bar{s}_{RE,x}$	m	mittlerer Transportweg zwischen dem Einlagerungsfach und beliebigen Regalfächern in x-Achse

$\bar{s}_{RE,e,x}$ m   mittlerer Transportweg zwischen dem Einlagerungsfach und beliebigen Regalfächern in x-Achse (Einlagerungsfach ist kein Zielfach)

$\bar{s}_{RE,y}$ m   mittlerer Transportweg zwischen dem Einlagerungsfach und beliebigen Regalfächern in y-Achse

$s_{RR,x}$ m   gesamter Transportweg im Regal in x-Achse

$\bar{s}_{RR,x}$ m   mittlerer Transportweg im Regal in x-Achse

$\bar{s}_{RR,y}$ m   mittlerer Transportweg im Regal in y-Achse

s_x m   Transportweg in x-Achse

$\bar{s}_x$ m   mittlerer Transportweg in x-Achse

s_y m   Transportweg in y-Achse

$\bar{s}_y$ m   mittlerer Transportweg in y-Achse

t_A s   Transportzeit für eine Auslagerung

$t_{A,x}$ s   Transportzeit für eine Auslagerung in x-Achse

t_{DR} s   Dauer einer Palettendrehung

t_E s   Transportzeit für eine Einlagerung

$t_{E,x}$ s   Transportzeit für eine Einlagerung in x-Achse

t_G s   Gabelspielzeit (Zeit für Ein- und Ausfahren der Gabel und Aufnahme der Last)

t_M s   Doppelspielzeit für eine Stationsbedienung

$t_{M,x}$ s   Doppelspielzeit für eine Stationsbedienung in x-Achse

t_{NA} s   Nebenzeit ohne Einfluß auf Werkstückzeit

t_{NB} s   Nebenzeit mit Einfluß auf Werkstückzeit

$t_{RA,x}$ s   Hauptfahrtzeit zwischen dem Auslagerungsfach und beliebigen Regalfächern in x-Achse

$t_{RE,x}$ s   Hauptfahrtzeit zwischen dem Einlagerungsfach und beliebigen Regalfächern in x-Achse

$t_{RM,\dot{x}}$	s	Hauptfahrtzeit zwischen Regal und Stationen in x-Achse
$t_{RR,x}$	s	Fahrtzeit zwischen beliebigen Regalfächern in x-Achse
T_S	s	Simulationsdauer
t_{SCH}	s	Schichtdauer
t_T	s	Transportzeit
$\bar{t}_T$	s	mittlere Transportzeit
$T_{T,AUT}$	s	Nutzungszeit des Transportmittels in autonomer Schicht
$T_{T,BED}$	s	Nutzungszeit des Transportmittels in Bedienschicht
t_u	s	Umspannzeit je Werkstück
t_{WS}	s	Werkstückzeit
$\bar{t}_{WS}$	s	mittlere Werkstückzeit
t_{WS}^{*}	s	Werkstückzeit bei voller Auslastung der Fertigungsstationen
$t_{WS,AUT}$	s	Werkstückzeit in autonomer Schicht
$t_{WS,BED}$	s	Werkstückzeit in Bedienschicht
U_S	V	Steuerspannung
v	m/s	Geschwindigkeit
v_x	m/s	Transportgeschwindigkeit in x-Achse
$\bar{v}_x$	m/s	mittlere Transportgeschwindigkeit in x-Achse
v_y	m/s	Transportgeschwindigkeit in y-Achse
x	–	Koordinatenachse der Pilotanlage
x'	–	Koordinatenachse des Regales
X	–	Zufallsvariable
x'_E	–	Koordinate des Einlagerungsfaches in x-Achse
y	–	Koordinatenachse der Pilotanlage

y'	–	Koordinatenachse des Regales
y'_E	–	Koordinate des Einlagerungsfaches in y-Achse
z	–	Koordinatenachse der Pilotanlage
z'	–	Koordinatenachse des Regales
z_{AUT}	–	autonome Schichten je Tag
z_{BED}	–	Bedienschichten je Tag
z_{DR}	–	Palettendrehungen je Werkstück
$z_{F,WS}$	–	Fertigungsstufen je Werkstück
$z_{k,x}$	–	kritische Transporte in x-Achse
$z_{k,y}$	–	kritische Transporte in y-Achse
z_L	–	Werkstückspannplatzpersonal
z_P	–	ein-/ausgelagerte Paletten je Schicht
$z_{P,TAG}$	–	ein-/ausgelagerte Paletten je Tag
$z_{P,v}$	–	verfügbare Paletten
z_R	–	Regalgröße beim Betrieb mit autonomen Schichten
z_S	–	Mindestspeichergröße
z_{SCH}	–	Schichten je Tag
$z_{T,AUT}$	–	Anzahl der Doppelspiele in den autonomen Schichten
$z_{T,BED}$	–	Anzahl der Doppelspiele in den Bedienschichten
z_{UT}	–	Anzahl der Umspanntische
z_{WS}	–	Werkstücke je Tag in einer Aufspannung
$z_{WS,J}$	–	Werkstücke je Jahr
$z_{WS,L}$	–	gespannte Werkstücke je Person und Tag
Δt_{WS}	s	Werkstückzeitdifferenz
$\Delta \bar{s}_{RE,x}$	m	Wegdifferenz
η_P	–	Palettennutzung

$\varkappa_M$ -   Normfaktor

$\varkappa_T$ -   maximale Transportanzahl

μ -   Mittelwert der Zufallsvariablen

ϱ -   Normfaktor

σ -   Standardstreubreite

Σ -   Summe

1 <u>Einleitung</u>

Die Rationalisierung des spanenden Fertigungsprozesses brachte
bisher vor allem eine Automatisierung der Massenfertigung
und den Einsatz von NC-Werkzeugmaschinen für die Einzel- und
Kleinserienfertigung. Sie weist damit im Bereich mittlerer
Losgrößen eine erkennbare Lücke auf [1].
Ansätze zur Rationalisierung der Fertigung mittlerer Losgrös-
sen sind vorhanden, indem mehrere Fertigungseinrichtungen
über ein gemeinsames Steuer- und Materialflußsystem so miteinander verknüpft werden, daß eine automatische Fertigung
unterschiedlicher Werkstücke stattfinden kann [2].
Solche integrierten oder flexiblen Fertigungssysteme (FFS)
kamen in der Bundesrepublik Deutschland bisher nur in zwei
Industriebetrieben zum Einsatz [3].
Die große Planungsunsicherheit, die bei den hohen Anlagekosten ein bedeutendes Risiko für die in Frage kommenden Be-
triebe darstellt, verhinderte unter anderem eine breitere
Anwendung.
In Anbetracht der Schwierigkeiten ist es das Ziel dieser Arbeit, Herstellern und Anwendern Hinweise und Hilfsmittel zur
Planung und Auslegung von FFS zu liefern, die ein kleineres
Investitionsrisiko bewirken.
Zur Erarbeitung der hierfür notwendigen Grundlagen müssen
die Anforderungen an die räumliche Zuordnung, Dimensionierung und Konstruktion der einzelnen Betriebsmittel ebenso
betrachtet werden wie die Kosten und die zeitlichen Zusammenhänge in FFS.
Für die Untersuchung des Zeitverhaltens, die den Schwerpunkt
der Arbeit darstellt, ist die Entwicklung und Anwendung geeigneter Methoden notwendig. Insbesondere kommen Systemsimu-
lationen auf Großrechnern und analytische Berechnungen in Betracht. Ein Vergleich von Simulationsergebnissen mit Messungen an einem aufgebauten Pilotsystem soll eine Beurteilung
der Aussagekraft der Methoden ermöglichen.
Mit den gewonnenen Ergebnissen sind Hinweise zur Auslegung
einzelner Systemkomponenten zu erarbeiten und unter Berück-

sichtigung der Wirtschaftlichkeit die Einsatzbereiche
verschiedener Ausführungsformen von FFS anzugeben.
Die Ergebnisse sollen außerdem so aufbereitet werden, daß
sie auch bei zukünftigen Planungen eine Basis darstellen.

2 Grundlagen der Auslegung flexibler Fertigungssysteme

2.1 Einflußbereiche

Der wirtschaftliche Betrieb flexibler Fertigungssysteme wird
durch die Auslegung des Materialflusses [4,5,6,7] , der
Steuerung sowie durch die Wahl der Organisationsform und
Hilfsmittel maßgeblich beeinflußt (Bild 2-1).

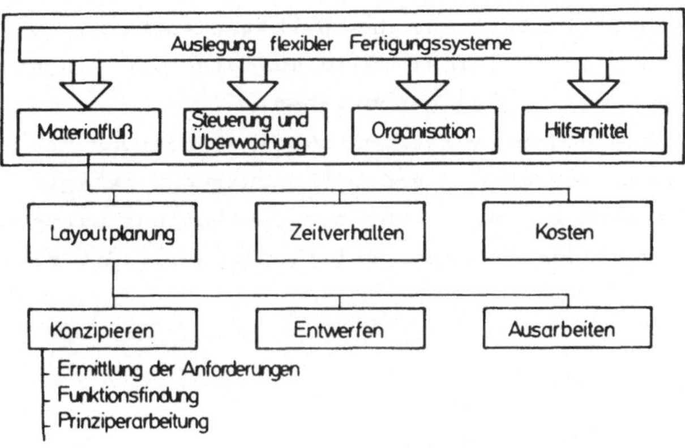

<u>Bild 2-1:</u> Einflußbereiche auf flexible Fertigungssysteme

Diese Arbeit befaßt sich mit der Entwicklung und Bewertung
mehrerer Materialflußalternativen insbesondere unter Berücksichtigung der zeitlichen Zusammenhänge (Zeitverhalten) im
System und der Kosten. Da die Verkettung der einzelnen Einrichtungen als wesentliches Charakteristikum flexibler Fertigungssysteme das Zeitverhalten des Systems entscheidend
prägt, wird der Untersuchung dieses Einflusses besondere
Beachtung geschenkt.

2.2 Planungsziele

Voraussetzung für die Auslegung von FFS ist die Definition
allgemeiner Ziele, die bei der Konzipierung und beim System-
entwurf anzustreben sind und in ihrer Anzahl und Bedeutung
vom Planer sowie dem Einsatzgebiet des Systems abhängen. Wesentliche Planungsziele sind in Bild 2-2 angeführt. Dabei ist
zu erwähnen, daß für die durchzuführenden Untersuchungen vor
allem die Flexibilität und Nutzung der Einrichtungen, die
Schichtbetriebsart, der Zugrj f zu Werkstück und Werkzeug,
die Wirtschaftlichkeit und das Werkstückspektrum von besonderer Bedeutung sind. Auf sie wird im folgenden eingegangen.
Die übrigen sind in [61] beschrieben.
Die bei Klein- und Mittelserien häufige Änderung der Fertigungs-
anforderungen verlangt die dem FFS zugrunde gelegte <u>Flexibili-
tät</u>. Diese wird erzielt, wenn zur Bearbeitung eines neuen
Werkstückloses die Fertigungsstationen sowie die Werkstückträ-

<u>Bild 2-2:</u> Planungsziele

ger, die auch als Transporthilfsmittel (Palette) dienen, in
kurzer Zeit und mit kleinem Aufwand umgerüstet werden können,
und Änderungen in der Kapazitätsbelegung z.B. infolge von Stö-
rungen, durch einfache organisatorische Maßnahmen zu bewälti-
gen sind.

Der Aufwand für die Maßnahmen, die eine hohe zeitliche Nutzung
der Fertigungsstationen gewährleisten, hängt davon ab, ob sich
ergänzende oder sich ersetzende Stationen im System integriert
sind [3], oder ob ein Mischsystem vorliegt. Bei sich ersetzenden Stationen werden die Werkstücke jeweils auf einer Station
fertig bearbeitet, während bei sich ergänzenden Stationen mehrere zur Fertigbearbeitung notwendig sind.

Die Automatisierung der Fertigung erlaubt einen Dreischicht-
betrieb je Tag, auch wenn das Bedienungspersonal zur Werkstück-
und Werkzeugbereitstellung nur in einer Schicht anwesend ist.
Der daraus resultierende 3/1-Schichtbetrieb reduziert die zeitlichen Verluste auf ein Minimum [8]. In den restlichen zwei
autonomen Schichten ist nur Überwachungspersonal anwesend.

In FFS kommt der Speicherung von Werkstücken eine erhöhte Bedeutung zu. Aufgrund der gewünschten Flexibilität sollte auch
bei kurzfristigen Dispositionsänderungen jedes Werkstück und
Werkzeug zu jedem Zeitpunkt greifbar sein. Der dadurch erzielte
wahlfreie Zugriff schließt deshalb Materialflußwarteschlangen,
in denen z.B. mehrere Werkstücke hintereinander angeordnet sind
und nur zum ersten und letzten zugegriffen werden kann, im System aus.

Einen großen Einfluß auf die Auslegung eines FFS übt das zu
bearbeitende Werkstückspektrum aus. In einer Vorauswahl ist
deshalb ein Spektrum zusammenzustellen, das den jeweils spezi-
fizierten Zielvorstellungen Rechnung trägt. Erst nach dieser
Vorauswahl erfolgt die Analyse der Werkstücke, die zum Bearbeitungsprofil führt und damit eine wesentliche Grundlage zur Systemauslegung darstellt.

Bild 2-3: Werkstückauswahlkriterien

Kriterien, nach denen die Auswahl erfolgt, sind in Bild 2-3 angeführt und in [4,11] beschrieben.

2.3 Anforderungen des Werkstückspektrums

Die Zusammenfassung der Werkstückanforderungen, die durch eine Analyse zu ermitteln sind, führt zu einem Profil, in dem die geometrischen, technischen und zeitlichen Anforderungen enthalten sind (Bild 2-4) [10].
Es wird erweitert durch die Analyse der Fertigungsverfahren und durch eine Werkzeuganalyse ergänzt. Das daraus sich ergebende Bearbeitungsprofil enthält sämtliche Anforderungen des Werkstückspektrums und stellt dadurch für die Auslegung

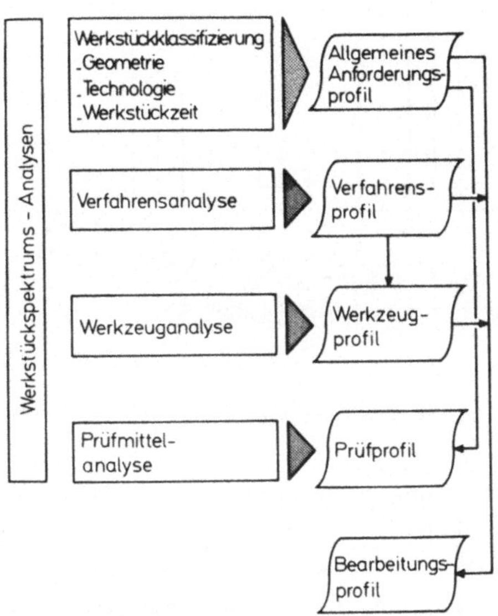

Bild 2-4: Anforderungen des Werkstückspektrums

des FFS eine entscheidende Grundlage dar [11]. Im Anschluß an diese Ausführungen werden einige für die weiteren Untersuchungen wichtige Ergebnisse beispielhaft beschrieben.

Die bei prismatischen Werkstücken wie Hydraulikblöcke, Lager- und Getriebegehäuse usw. hauptsächlich auftretenden Fertigungsverfahren sind Fräsen, Bohren, Reiben, Senken, Gewindebohren und Ausdrehen (Bild 2-5).
Diese Verfahren sind auf üblichen Bearbeitungszentren realisierbar. Das Flachschleifen, Honen, Läppen usw. sind entweder durch Sonderstationen oder außerhalb des FFS zu verwirklichen.

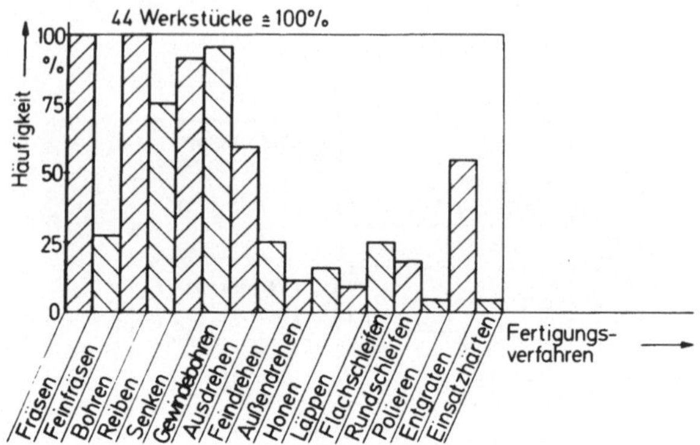

Bild 2-5: Verteilung der Fertigungsverfahren [11]

Wird die Bohrbearbeitung betrachtet (Bild 2-6), so läßt sich
eine Dominanz der sechs-, fünf- und vierseitigen Bearbeitung
erkennen. Der Anteil der Werkstücke mit sechsseitiger Bearbeitung beträgt hier 36 %. Dieser Prozentsatz wird mehr als
verdoppelt, wenn die übrigen Verfahren einbezogen werden. Dies
bedeutet, daß für die meisten Werkstücke zwei Aufspannungen
notwendig sind.
Neben den erwähnten Einflüssen sind vor allem die Werkstückzeiten von Bedeutung, die die Anforderungen an das Zeitverhalten
eines FFS charakterisieren. Unter der Werkstückzeit (Bild 2-3)
wird die Zeitdauer verstanden, während der sich ein Werkstück
in einer Aufspannung auf der Palette zur Bearbeitung im Arbeitsraum der Fertigungsstationen befindet. Die Auswertung
von 107 NC-Programmen ergab eine Häufigkeitskurve der Werkstückzeiten, die durch eine negativ-exponentielle Funktion
hinreichend genau erfaßt wird [12,S.48]. Die mittlere Werkstückzeit dieses Werkstückspektrums beträgt 1020 s.
Da die folgenden Untersuchungen nicht nur für dieses Werkstückspektrum gelten sollen, dient die angegebene Werkstückzeit nur als Richtwert. Neben der mittleren Werkstückzeit ist

die Streuung der einzelnen Werkstückzeiten um den Mittelwert zu berücksichtigen. Ihr Einfluß wird in Kap. 6.1.3 untersucht.

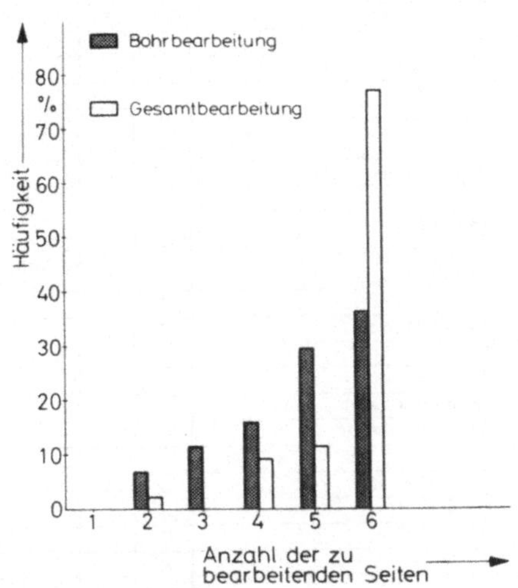

Bild 2-6: Häufigkeit der zu bearbeitenden Werkstückseiten

2.4 Geplante und realisierte flexible Fertigungssysteme

Die Analyse bereits geplanter und aufgebauter FFS ermöglicht
einen Überblick über den Stand der Technik [3]. Außerdem können die notwendigen Funktionen, Strukturen und Organisationsformen abgeleitet werden.
Die Analyse wurde anhand von Veröffentlichungen durchgeführt
[13 bis 27]. Ihre wesentlichen Aussagen faßt Tabelle 2-1 zusammen.

	Land	Firma	System	Werk-stück-art	Fertigungsstationen für					
					Drehen	Bohren	Fräsen	Bohren/Fräsen	Schlei-fen	Son-stige
1	USA	Sundstrand		P		2		6		
2		Cincinnati	System variable Mission I-TM	P				6		
3		Cincinnati	System II	P				7		
4		Kearney & Trecker		P		4	2	4		
5	GB	Molins	System 24	P		2	3	1		
6	Japan	Okuma	Parts Turn 40	D	1					
7		Okuma	Parts Center 1	D	1				1	1
8		Okuma	Parts Center 6	D	1					1
9		Fujitsu Fanuc	System T10	D	8					
10		Fuji	Elmes 100	D	1					
11		Ikegai	Level 20	D	3					
12		Washino	Sele-Matic	D	3					
13		Makino Milling		P				4		
14		Hitachi Seiki	Production Master 101	P				5		
15	DDR	VEB WZM-Kombinat 7.Oktober	Rota F125NC	D	4		2		1	
16		VEB WZM-Kombinat 7.Oktober	Rota FZ200	D	3					4
17		VEB WZM-Fabrik Auerbach	Prisma M250/01 DNC	P			1	1		
18		VEB WZM-Kombinat Fritz Heckert	Prisma 2	P		1		4	2	
19	UDSSR	Enims	AU 1 Rota	D	6	1	3			
20		Orgstankinprom	System Prisma	P		1	4	4		
21	Bundesrepublik Deutschland	Burkhardt & Weber		P		1		2		
22		Heller		P			2	2		
23		Hüller	NCMC (ersetzend)	P				4		
24		Hüller	NCMC (ergänzend)	P			2	2		
25		Montforts	System I	D	4			1		
26		Montforts	NCA 300/7 (II)	D	4			2		
27		Mauser-Schaerer	System 2000	D(+P)	1			3		
28		Heidelberger Druckmaschinen AG		P				10		
29		Bauer / Burr		P				9		
30		Universität Stuttgart		P		1		4		1
31		Technische Universität Berlin		D	1			1		

P   Prismatisches Werkstück   D ...Rotationskörper   GP...Geplant   R...Realisiert   TR...Teilweise realisiert   RBG...R

Tabelle 2-1: Entwickelte Fertigungssysteme (Stand März 1977)

2.5 Aufbau und Wirkungsweise eines flexiblen Fertigungssystems

2.5.1 Funktionen und Einrichtungen

Aufbauend auf der Analyse bereits entwickelter FFS werden
die Funktionen des Materialflusses, in der Materialflußtech-
nik auch als Vorgänge bezeichnet [30], bestimmt (Bild 2-7).

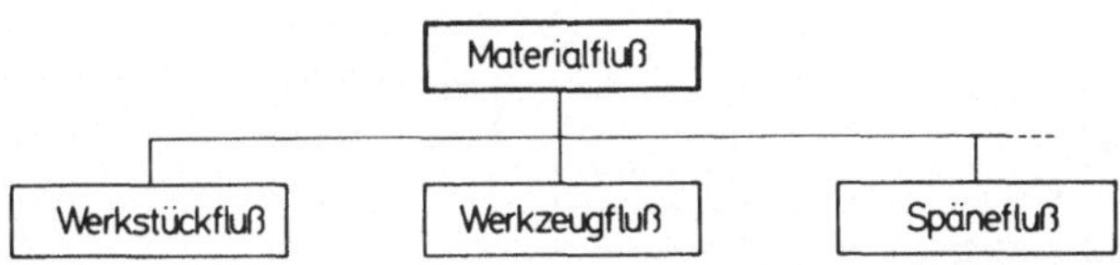

<u>Bild 2-7</u>: Funktionale Gliederung des Materialflusses

FFS sind vor allem durch den Werkstückfluß charakterisiert.
Durch ihn werden die Fertigungsstationen mit Werkstücken ver-
sorgt. Ein automatisierter Werkzeugfluß [28] ist bei den untersuchten Systemen nicht vorhanden. Angestrebte autonome
Schichten, in denen kein Bedienungspersonal anwesend ist,
verlangen jedoch auch die Realisierung dieser Funktion.

Eine Gliederung des Werkstückflusses führt zu Subfunktionen,
die in Bild 2-8 angeführt sind. Einige dieser Funktionen sind
auch in einem Werkzeug- oder Spänefluß zu finden.
Von den angegebenen Begriffen sind das Transportieren und
Speichern hervorzuheben, da sie die Struktur und gerätetechnische Auslegung eines Systems stark beeinflussen.
Unter Transportieren sei in Anlehnung an die Richtlinien
VDI 3240 und VDI 3300 [29,30] das Bewegen von Gütern in einem
FFS zwischen den Fertigungsstationen bzw. zentralem Speicher
und Fertigungsstationen verstanden. Alle übrigen Bewegungs-
vorgänge sind als Handhabungsfunktionen anzusehen. Das Trans-
portgut sind die hier betrachteten prismatischen Werkstücke
mit den Paletten, auf die sie gespannt sind.

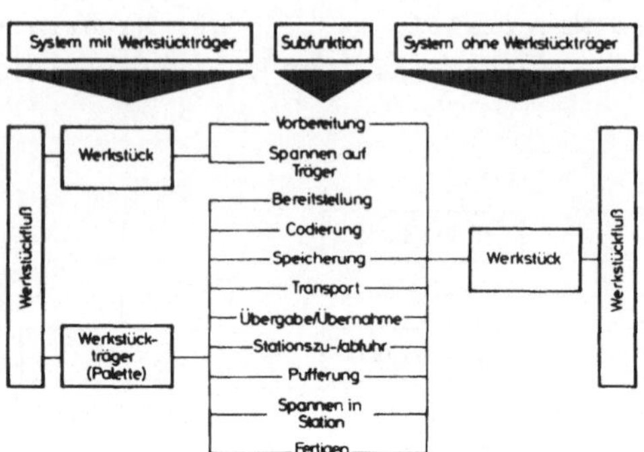

Bild 2-8: Funktionen des Werkstückflusses

Ein FFS besteht hinsichtlich seiner Einrichtungen bzw. Be-
triebsmittel aus Stationen, die durch Verkettungseinrichtun-
gen miteinander verknüpft sind. Auf den Arbeitsstationen
(Bild 2-9) werden Aktivitäten an den Werkstücken oder Werk-
zeugen durchgeführt, während Speicher und Puffer passive
Systemkomponenten darstellen.
Die Fertigung der Werkstücke erfolgt auf den Fertigungs-
stationen.
Die Spannstationen oder -tische dienen zur Vorbereitung der
Werkstücke und Werkstückträger (Paletten). Sie sind auf dem
Werkstückspannplatz angesiedelt.
Außerdem werden dort die Werkstücke auf den Paletten posi-
tioniert, fixiert und gespannt.
Entsprechende Einrichtungen sind für die Werkzeuge notwendig.

Die Verkettungseinrichtungen ermöglichen es, die Werkstücke,
Werkzeuge, aber auch die Späne zwischen den verschiedenen
Orten zu transportieren und zu übergeben.

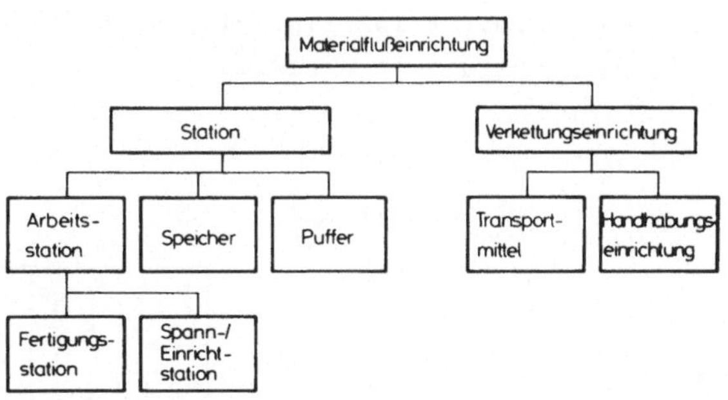

Bild 2-9: Systemkomponenten flexibler Fertigungssysteme

Die Transportmittel und Handhabungseinrichtungen, die in den
untersuchten FFS verwendet werden, sind in Tabelle 2-1 eingetragen. Sie umfassen einen wesentlichen Teil der verfügbaren
Geräte und werden in Kap. 3.2 vertieft behandelt.

2.5.2 Systemstruktur und Organisation

Die Struktur eines FFS ergibt sich aus der Anordnung der einzelnen Betriebsmittel. Sie ist außerdem von deren Auslegung
und Zusammenspiel abhängig, wird aber auch von Randbedingungen
wie Geometrie des Aufstellungsraumes usw. beeinflußt
(s. z.B. [31]).
Die bisherigen Analysen haben gezeigt, daß die Struktur der
bereits ausgeführten FFS infolge des fehlenden automatischen
Werkzeugflusses allein vom Werkstückfluß bestimmt wird. Die
in [3] vom Verfasser angestellten Untersuchungen ließen aus
der Vielfalt von Möglichkeiten zwei prinzipielle Strukturen
erkennen: die Linie und die Schleife. Der Unterschied liegt
in der Geometrie der horizontalen Bahn, die das Werkstück beim
Transport im FFS durchläuft.
Die Tatsache, daß sich die untersuchten Strukturen auf zwei
Prinzipien zurückführen lassen, ist für die Planungsarbeiten

in Kap. 3.3 von besonderer Bedeutung.

Aufgrund der Struktur lassen sich in Abhängigkeit von der Transportrichtung mehrere Fließprinzipien verwirklichen. Der Zusammenhang wird in Bild 2-10 erklärt.

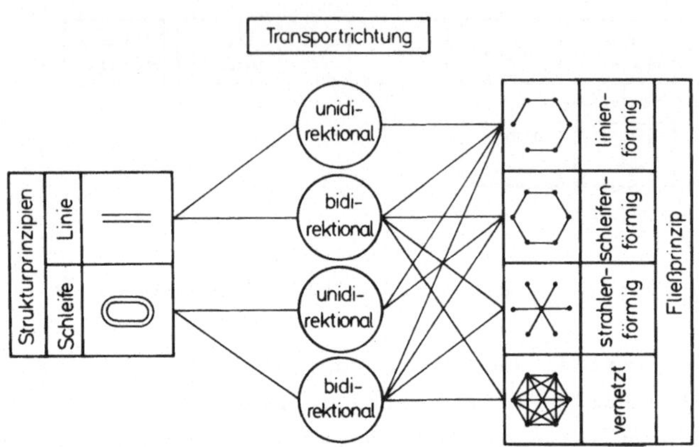

<u>Bild 2-10</u>: Zusammenhang zwischen Struktur und Fließprinzip

Es werden linienförmige, schleifenförmige, strahlenförmige und vernetzte Fließprinzipien unterschieden. Die Anzahl der möglichen Verknüpfungen steigt in der Reihenfolge an, in der die Prinzipien angegeben sind.

Ein Werkstückfluß mit linienförmigem Fließprinzip ermöglicht den Transport der Werkstücke von einer Station zur andern in einer festgelegten Reihenfolge. Jedes Werkstück kann während eines Durchlaufs nur einmal auf eine Station gebracht werden. Solche Werkstückflußsysteme sind in Form von Transferstraßen bekannt. Sie finden jedoch infolge der starren Stationenfolge kaum Anwendung im Bereich der flexiblen Fertigung.

Beim Schleifenprinzip ist der Start- und Endpunkt des Transportweges identisch. Die Reihenfolge der in einer vorgegebenen Transportrichtung anzufahrenden Stationen ist beliebig. Damit kann jede Station mehrmals mit demselben Werkstück beschickt werden. Ein typisches Beispiel hierfür ist das System Variable Mission I-TM der Firma Cincinnati, das auch eine schleifenförmige Struktur aufweist (Tabelle 2-1).

Ein schleifenförmiger Werkstückdurchlauf läßt sich auch mit einer linienförmigen Struktur und bidirektionaler Transportrichtung verwirklichen.

Die anderen Prinzipien fordern bei jeder Struktur einen bidirektionalen Transport.

Strahlenförmige Systeme transportieren dabei direkt zwischen einem zentralen Punkt, der durch ein Regalfach, eine Übergabestelle usw. gebildet wird und den andern anzufahrenden Positionen wie Fertigungsstationen, während in einem vernetzten System von jeder Station aus jede andere direkt erreicht wird.

Die Ausführungen lassen erkennen, daß mit den ermittelten Strukturprinzipien komplexe organisatorische Strategien verwirklicht werden können, die den bisher bekannten Anforderungen genügen. Sie bilden deshalb für die Entwicklung der Werkstückflußvarianten in Kap. 3.3 eine wichtige Basis.

3 Untersuchung geeigneter Materialflußeinrichtungen und Entwurf typischer Werkstückflußvarianten

3.1 Gestaltung der Fertigungsstationen

Da die Erarbeitung typischer Werkstückflußvarianten von den Fertigungsverfahren, beispielsweise hinsichtlich ihres ersetzenden oder ergänzenden Charakters, und der Anpaßfähigkeit der Fertigungsstationen an unterschiedliche Transportmittel abhängt, kommt der Gestaltung der Fertigungsstationen eine große Bedeutung zu (Bild 3-1).

Anforderung	
Planungsziel	Automatisierung
	Geschlossenheit
Werkstückspektrum	Fertigungsverfahren
	Größe
	Gestalt
	Gewicht
	Werkstoff
	Genauigkeit
	Werkstückzeit
	Losgröße/Aufträge
Materialfluß	Werkstückfluß
	Werkzeugfluß
	Spänefluß

Bild 3-1: Anforderungen an die Fertigungsstationen

3.1.1 Art der Fertigungsstationen

Die Art der Fertigungsstationen ist vor allem von den zu realisierenden Fertigungsverfahren abhängig. Das analysierte Werkstückspektrum weist eine Dominanz der spanenden Verfahren auf.

Spanende Fertigungsverfahren wie Fräsen, Bohren, Reiben, Senken, Gewindebohren und Ausdrehen sind auf spanenden Universalbearbeitungszentren, aber auch auf Sonderstationen durchführbar. Je mehr Sonderstationen, die sich ergänzende Stationen darstellen, eingesetzt werden, desto höher kann die Ausnutzung der technischen Möglichkeiten aller Fertigungsstationen sein.

3.1.2 Anpassung der Fertigungsstationen an den Werkstückfluß

Die Automatisierung des Werkstückflusses verlangt eine Anpassung von Fertigungsstationen und Verkettungseinrichtungen. Sie erfolgt in der Regel durch entsprechend ausgelegte Palettenpuffer, die den Stationen, aber auch den Verkettungseinrichtungen zugeordnet sein können. Die Palettenpuffer, die damit die Schnittstellen verkörpern, sind so auszulegen, daß eine reibungslose Übergabe der Paletten gewährleistet ist. Sie vermindern außerdem die Abhängigkeit der Auslastung der Fertigungsstationen von der momentanen zeitlichen Verfügbarkeit des Transportmittels.

In Bild 3-2 sind mehrere Alternativen der Palettenpufferung angeführt.

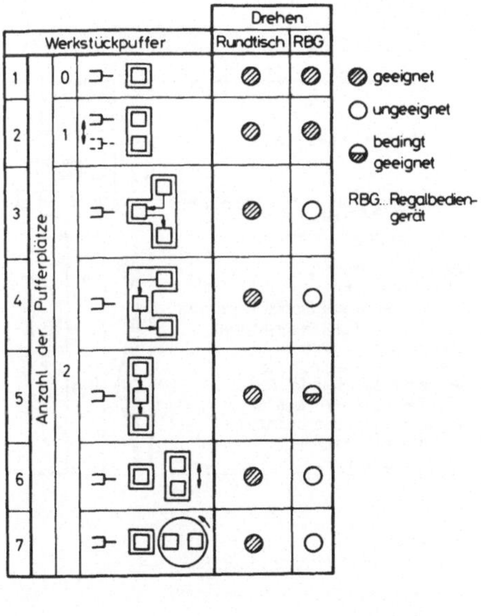

Nr.	Anzahl der Pufferplätze	Werkstückpuffer	Rundtisch	RBG
1	0		geeignet	geeignet
2	1		geeignet	geeignet
3	2		geeignet	ungeeignet
4			geeignet	ungeeignet
5			geeignet	bedingt geeignet
6			geeignet	ungeeignet
7			geeignet	ungeeignet

Legende (Drehen):
- geeignet
- ungeeignet
- bedingt geeignet

RBG ... Regalbediengerät

Bild 3-2: Palettenpufferung und -wechsel

Für die im Rahmen dieser Arbeit durchgeführten Untersuchungen
ist insbesondere die Lösung 2 von Bedeutung.
Hierbei befinden sich zwei Werkstücke im Arbeitsraum der Station. Während ein Werkstück bearbeitet wird, erfolgt der Austausch des schon bearbeiteten Werkstückes auf dem Nebenplatz.
Ist das zuerst der Bearbeitung zugeführte Werkstück fertig,
fährt die Arbeitsspindel zu dem soeben eingewechselten neuen
Werkstück und setzt dort die Bearbeitung fort. Damit ist jeder Platz wechselweise Puffer und Arbeitsplatz. Die Lösung erfordert einen sehr großen Verfahrbereich der Arbeitsspindel
und zweckmäßigerweise einen festen Stationstisch. Außerdem
muß jeder Platz als Arbeitsplatz mit Palettenspannvorrichtung,
Rundtisch usw. ausgerüstet werden. Diesem Aufwand steht die
Einsparung spezieller Puffereinrichtungen gegenüber.
Der automatische Palettenwechsel in der Fertigungsstation verursacht Nebenzeiten. Sie sind in Bild 3-3 in der Reihenfolge
angeführt, in der sie beim Wechsel einer Palette nacheinander
anfallen.

Bild 3-3: Einfluß der Pufferung auf die Nebenzeit

- 39 -

Abhängig von der Gestaltung des Arbeitsraumes und der Pufferung kann jedoch ein Teil der Tätigkeiten parallel zur Bearbeitung ausgeführt werden, so daß die Nebenzeiten nicht als zusätzliche Verlustzeiten erscheinen. Sie sind durch den Parameter t_{NA} gekennzeichnet. Tätigkeiten, die sich nicht während der Zerspanung ausführen lassen, vergrößern die Werkstückzeit. Sie sind mit dem Parameter t_{NB} beschrieben.

3.2 Eignung verschiedener Transportmittel

Die Transportmittel haben die Aufgabe, die ortsfesten Einrichtungen in FFS wie Fertigungsstationen oder Zentralspeicher miteinander zu verknüpfen. Aus dieser Aufgabenstellung resultieren unterschiedliche Anforderungen, die sich durch entsprechende konstruktive Gestaltung der Transportmittel realisieren lassen.

Bild 3-4 zeigt mehrere, prinzipiell für FFS geeignete Transportmittel. Eine Beschreibung wurde in [40,46] durchgeführt. Unterscheidungsmerkmale finden sich im Arbeitsraum, der Speicherkapazität und konstruktiven Ausbildung sowie in der Handhabung des Werkstückträgers [34].

Merkmal / Transportmittel	Arbeitsraum Dimension eine	zwei	drei	Ausdehng. begrenzt	beliebig	Speicherkapazität	Transportgeschw.	Werkstückträger Lage stehend	hängend	Folge seriell	beliebig	Übergabe mit	ohne
Regalbediengerät		X		X	(X)	1	H	X v X			X	X	
Handhabungsgerät (fahrbar)		X		X	(X)	1	H	X v X			X	X	
Angetriebener Transportwagen	X				X	1	N	X			X	X v X	
Geschleppter Transportwagen	X				X	1	N	X			X	X v X	
Angetriebene Rollenbahn	X				X	≫1	N	X v X			X	X	X
Hubschrittförderer	X			X		≫1	N	X v X		X			X
Schienenhängebahn	X				X	≫1	K	X v X		X		X	X
Schleppkreisförderer	X				X	1	N	X v X			X	X	X

X...ja   H...Hoch   N...Normalwert   K...Klein   v...Oder

Bild 3-4: Merkmale der Transportmittel

3.3 <u>Typische Werkstückflußvarianten</u>

Bei der Entwicklung von Werkstückflußvarianten sind folgende
Kriterien von Einfluß:

- Strukturprinzip
- Fließprinzip
- Speicherprinzip
- Funktion und Art der Betriebsmittel

Analysen haben gezeigt, daß insbesondere linien- und schleifenförmige Strukturen bei FFS Anwendung finden [3] . Der
Schwerpunkt folgender Betrachtungen wird deshalb auf Systeme
mit solchen Strukturen gelegt.
Weiterhin ist in FFS aus Dispositionsgründen, z.B. bei Störun-
gen, eine hohe Flexibilität im Fertigungsablauf erforderlich
die durch eine hohe Vernetzung der Betriebsmittel (Kap. 2.5.2),
verbunden mit einem wahlfreien Zugriff zu den Werkstücken, ermöglicht wird.
Außerdem hat es sich gezeigt, daß in FFS der zentrale Werkstückspeicher dem dezentralen vorgezogen wird. Puffer an den
Fertigungsstationen überbrücken nur die Perioden, in denen
das Transportmittel überlastet ist [3] .
Ein FFS ist aber auch durch die Funktion und Art der Betriebsmittel geprägt.
Insbesondere der Zentralspeicher, der als Regal, Palettenbahn-
hof oder Rollenbahn ausgeführt sein kann und das Transportmittel, realisiert z.B. als Regalbediengerät oder Rollenbahn, sind
hierbei von Bedeutung.
Im folgenden werden vier FFS vorgestellt, die sich in den angeführten Kriterien unterscheiden und jeweils einen Typ charakterisieren (Bild 3-5).
Das System mit der einfachsten linienförmigen Struktur ist
gegeben, wenn der Zentralspeicher und die Fertigungsstationen
in je einer Linie gegenüberliegend aufgestellt sind und gemein-
sam von einem Transportmittel bedient werden (Variante A1).

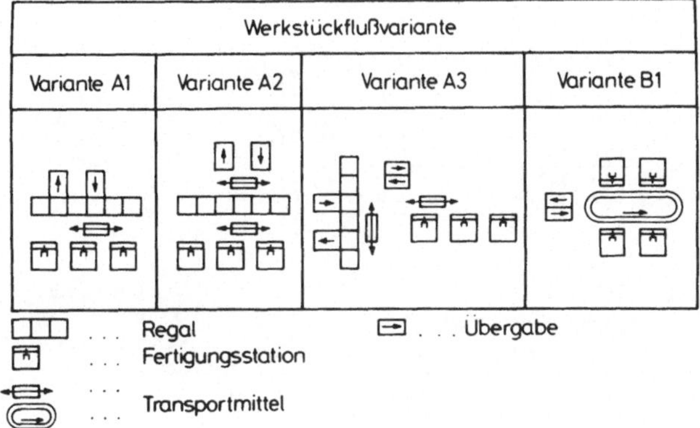

Bild 3-5: Werkstückflußvarianten

Die gerätetechnische Auslegung des Zentralspeichers erfolgt
im Hinblick auf die vorausgesetzte Automatisierung sinnvol-
lerweise durch ein Regal [51]. Es erlaubt den Zugriff zu jedem beliebigen Zeitpunkt zu jedem Werkstück und ermöglicht
eine hohe Flächennutzung.
Zur Bedienung des Regals muß das Transportmittel nicht nur
eine horizontale sondern auch eine vertikale Bewegungsrich-
tung sowie zur Übergabe/Übernahme der Paletten eine dritte
Achse besitzen. Alle Bewegungsrichtungen sind z.B. in einem
Regalbediengerät realisiert. Es kann außerdem die Bedienung
der Stationen ausführen, deren Übergabepositionen sich alle
auf etwa derselben Höhe befinden. Aufgrund der geforderten
Transportbewegungen kommt für die Variante A1 nicht nur ein
Regalförderzeug, sondern bei nicht zu großen Regalhöhen ein
flurfahrender Stapler mit zusätzlicher Automatisierung seiner Bewegungen in Betracht.

Ein ausgeführtes Beispiel dieser Variante ist die Pilotanlage in Bild 3-6 und Bild 3-7. Sie ist in [37] beschrieben.

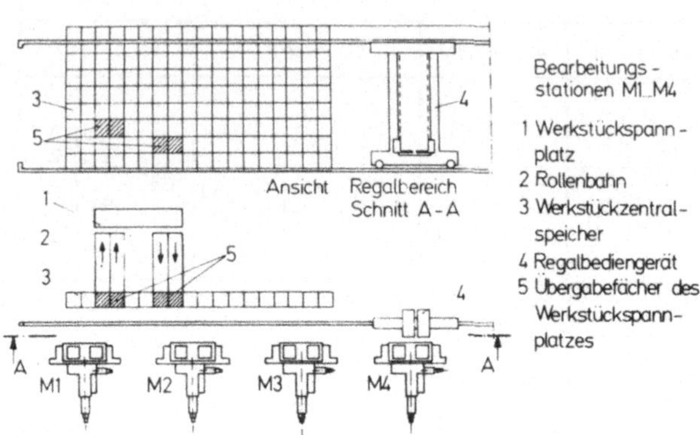

Bild 3-6: Pilotanlage eines flexiblen Fertigungssystems
(Grund- und Aufriß)

Bild 3-7: Pilotanlage eines flexiblen Fertigungssystems

Eine wesentliche Entlastung des Transportmittels wird erzielt, wenn auf der Regalrückseite ein zweites Gerät (ZBG) eingesetzt wird (Bild 3-5, Variante A2). Die Struktur der Variante A1 mit einer parallel angeordneten Stations-, Transport- und Speicherlinie wird damit durch eine weitere Transportlinie zu einer zweiten typischen Werkstückflußvariante ergänzt. Das ZBG übernimmt in der Bedienschicht den Austausch der Werkstücke zwischen den einzelnen Regalfächern und dem Werkstückspannplatz. Die Aufgabenteilung bewirkt, daß das erste Transportmittel vorwiegend zur Stationsbedienung verwendet und deshalb als Stationsbediengerät (SBG) bezeichnet wird.

Die Varianten A1 und A2 unterscheiden sich damit auch durch die unterschiedlichen Aufgaben der Transportmittel, die sich auf das Zeitverhalten auswirken.

Aus diesen beiden Typen läßt sich durch Kombination z.B. die Variante A3 (Bild 3-5) bilden. Diese Variante besitzt einen getrennten Regal- und Stationsbereich, die durch eine Übergabestelle miteinander gekoppelt sind. Die Übergabestelle bildet einen zusätzlichen Engpaß und zwar vor allem dann, wenn nur wenige Plätze zur Palettenübergabe vorhanden sind.

Die Auslegung und die Transportaufgaben des Regalbereiches entsprechen der Variante A1, nur hat das Transportmittel die Werkstücke zu der Übergabestelle anstatt zu Stationen zu transportieren.

Die Transportaufgaben des SBG sind dem der Variante A2 ähnlich. Der Unterschied besteht hier darin, daß die Werkstücke zwischen der Übergabestelle und den Stationen anstatt zwischen den einzelnen Regalfächern und den Stationen transportiert werden.

Eine schleifenförmige Struktur, wie z.B. bei der Variante B1, ergibt sich aus dem schleifenförmigen Transportweg und den Stationen, die entlang diesem angeordnet sind.

Auf der Rollenbahn, die auch zur Speicherung dient, laufen die Paletten solange um, bis sie die gesuchte Station gefunden haben. Ein derartiges Transportmittel mit Speichereigen-

schaften wird auch als Umlaufspeichersystem bezeichnet. Soll
in autonomen Schichten gefertigt werden, ist ein Regal als
Zentralspeicher einzuplanen, da die Rollenbahn zur Realisierung dieser Funktion in vielen Fällen nicht ausreicht.

Die beschriebenen Werkstückflußvarianten bilden ein wesentliches Ergebnis der Planungsarbeiten.

An den entwickelten Lösungen sollen nun wesentliche Eigenschaften, die Anwendungsbreite und Einsatzgrenzen von FFS weiter
untersucht werden. Hierbei ist die Betrachtung des Zeitverhaltens aber auch der Investitions- und Betriebskosten von
großer Bedeutung.

4 Untersuchungsmethoden für das Zeitverhalten flexibler Fertigungssysteme

4.1 Grundlagen

Das Zeitverhalten des gesamten Systems resultiert aus dem Zusammenspiel der einzelnen Einrichtungen und wird vom Transportmittel wesentlich beeinflußt.

In Abhängigkeit von der Struktur ergibt sich ein unterschiedliches Zeitverhalten. Aufgrund dieses Sachverhaltes läßt sich eine Strukturoptimierung durchführen. Außerdem bildet es die Basis zur Dimensionierung einzelner Einrichtungen wie Transportmittelantriebe, Zentralspeicher usw.

Da die Auslegung der einzelnen Einrichtungen des FFS die Anlagekosten wesentlich bestimmt, stellt die Ermittlung des Zeitverhaltens zugleich eine Grundlage für die Wirtschaftlichkeitsrechnung dar.

4.2 Untersuchungsmethoden

Zur Untersuchung des Zeitverhaltens von FFS kommen mehrere Methoden in Betracht (Bild 4-1).

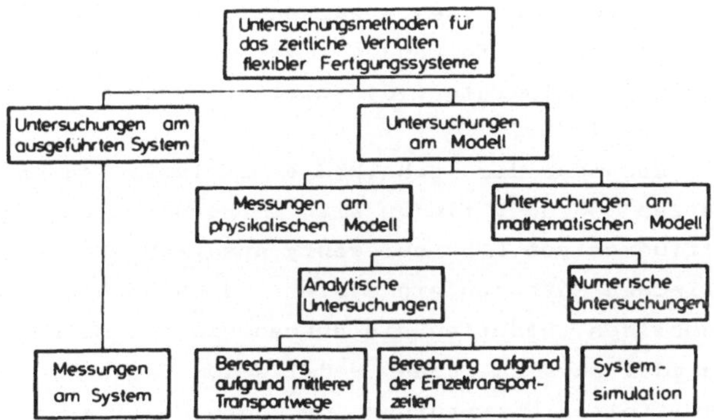

Bild 4-1: Untersuchungsmethoden für das Zeitverhalten

Vielfach ist zu entscheiden, ob sie am realisierten System
oder am Modell durchgeführt werden sollen. Modelle müssen
erarbeitet werden, wenn es sich um die Auslegung neuer FFS
handelt.

4.2.1 Untersuchungen am Modell

4.2.1.1 Physikalische und mathematische Modelle

Physikalische Modelle, die in der Regel ein maßstäbliches
Abbild einer Anlage sind, beinhalten nur eine begrenzte Anzahl zu variierender Parameter. Außerdem werden die experi-
mentellen Messungen durch die physikalischen Modelleigen-
schaften beeinflußt und verursachen zusätzlich relativ hohe
Kosten. Es erscheint deshalb vorteilhaft, mathematische Modelle zu verwenden.
Mathematisch analytische Untersuchungen erfordern ebenfalls
einfache Modellstrukturen aber geringeren Aufwand. In Kap. 5
werden analytische Ansätze und Ergebnisse über das Zeitverhalten vorgestellt, die sich im wesentlichen mit Betrachtungen von Grenzfällen befassen.
Die Modelle der numerischen Methoden sind der Wirklichkeit
stark angenähert. Aus diesem Grunde erscheint die Simulation
zur Ermittlung des Zeitverhaltens besonders geeignet, da sie
wesentlich genauere Ergebnisse erwarten läßt. Der Begriff
Simulation beinhaltet im folgenden immer die Untermenge nu-
merische Simulation diskreter, dynamischer Systemmodelle
auf Großrechnern [12].
Während viele Bereiche der Technik die Simulation schon mit
Erfolg einsetzen [38,58], finden sich im Bereich "Auslegung
des Materialflusses von FFS" nur wenig Ansatzpunkte.
Da die numerischen Methoden ein System jedoch auch nur nähe-
rungsweise abbilden, bedürfen sie ebenso wie die mathematisch
analytischen oder physikalischen Modelle zum Nachweis ihrer
Zuverlässigkeit einer Überprüfung durch die Realität.

4.2.1.2 Die Systemsimulation

Grundlage der Systemsimulation ist ein Rechenprogramm,
das ein System hinsichtlich seiner wesentlichen Eigenschaften nachbildet [39,60]. Die Güte der Nachbildung wird bestimmt
durch den vertretbaren Programmieraufwand, Speicherkapazität
des Rechners, Programmlaufzeit und die geforderte Genauig-
keit der Simulationsergebnisse.
Einen wichtigen Schritt zur Erstellung eines Simulationspro-
gramms stellt die Nachbildung des Systems durch ein Modell
dar. In diesem Modell müssen die Funktionen des Werkstückflusses und Eigenschaften der Steuerung, die das zeitliche
Verhalten wesentlich beeinflussen, enthalten sein. Weiterhin
sind die Verknüpfungen zwischen den Stationen darzustellen.

Im folgenden soll anhand des Systems A1 die Entwicklung des
entsprechenden Modelles gezeigt werden. Da die Transportfolge in einem FFS im voraus nicht bestimmbar ist, kann zur Beschreibung dieses Prozesses die übliche Methode des Flußdia-
grammes, das auf einem linearen Ablauf aufbaut, nur für sehr
einfache Fälle angewendet werden.
Ausgangspunkt ist deshalb vielmehr die Wahl von Symbolen für
die wichtigsten Funktionen wie Fertigen, Transportieren, Speichern, Spannen und Entspannen, die einander entsprechend
ihrem Zusammenspiel zuzuordnen sind. Weiterhin sind die War-
teschlangen durch ein Symbol zu beschreiben.
Sie können einerseits aus hintereinander angeordneten Paletten
bestehen, die über Palettennummern im Steuerungsrechner geführt werden, andererseits nur aus Informationsinhalten wie
z.B. die Warteschlange WQUE in Bild 4-2, die die Anforderungen der Fertigungstationen an das Transportmittel beinhaltet.
Anschließend werden die Symbole in ihrer Anzahl und Anordnung entsprechend dem Grundriß des Systems A1 aufgetragen.
Jeder Fertigungsstation ist dabei ein Palettenpuffer, der als
Warteschlange ausgebildet ist, vor- und nachgeschaltet. Jede
Fertigungsstation wird vom Transportmittel mit Werkstücken
ver- und entsorgt.

Die hierzu notwendige Verknüpfung ist in Bild 4-2 eingetragen.
Initiiert wird der Transport über die Warteschlange WQUE, in
der die Transportanforderungen enthalten sind.

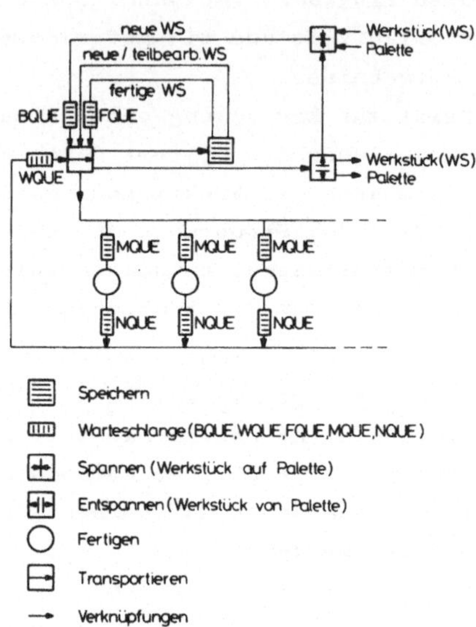

Bild 4-2: Modell eines flexiblen Fertigungssystems

Vom Werkstückspannplatz aus, der durch die Symbole Spannen
und Entspannen charakterisiert wird, erfolgt über die Warteschlange BQUE, die eine Rollenbahn verkörpert, die Zuführung
der Werkstücke in das System.
Fertig bearbeitete Werkstücke geben zum Zeitpunkt ihrer Fer-
tigstellung eine Aufforderung an das Transportmittel zur Auslagerung an den Werkstückspannplatz ab, die in der Warteschlange FQUE gespeichert werden. Kann das Transportmittel
infolge anderer Aufgaben die Auslagerung nicht sofort ausführen, wartet das Werkstück solange in dem ihm zugewiesenen
Regalfach.

Die Entnahme der Rufe aus einer Warteschlange, die der Aus-
führung der Anforderung vorausgeht, kann auf verschiedene
Weise erfolgen. Man unterscheidet FIFO (First In, First Out),
LIFO (Last In, Last Out), prioritätsgesteuert usw.
Anschließend sollen die Verknüpfungen des besprochenen Mo-
dells beschrieben werden. Hierzu wird der Durchlauf eines
Werkstückes durch das System verfolgt.
Ist auf dem Werkstückspannplatz ein Werkstück WS gespannt, wird
ein Ruf aufgebaut, der in die Warteschlange vor dem Regal
BQUE, die nach dem Prinzip FIFO organisiert ist, eingereiht
wird und den Transport des Werkstückes in das Regal veranlaßt. Findet das RBG Zeit, entnimmt es der Wartschlange BQUE
den Ruf und führt die Einlagerung in das Regal aus. Liegt
eine Anforderung einer Fertigungsstation in der Warteschlange WQUE vor, erfolgt sofort der Transport des Werkstückes in
den Puffer MQUE vor der entsprechenden Fertigungsstation.

Nach der Bearbeitung kommt das Werkstück in den Puffer nach
der Station NQUE, außerdem muß ein Ruf für die Warteschlange
FQUE, in der sich die fertigen Teile befinden, aufgebaut und
der Transport des fertigen Teils veranlaßt werden. Der Auslagerung geht die Entnahme des Rufes aus FQUE voraus.
Aufbauend auf dem entwickelten Modell wird das Simula-
tionsprogramm geschrieben. Für diese umfangreiche Aufgabe
kommen mehrere Sprachen in Frage, die prinzipiell für zeit-
diskrete Vorgänge, wie sie Materialflußprozesse verkörpern,
geeignet sind [42,43]. Für jede Funktion ist ein Unterpro-
gramm, das im vorliegenden Falle jeweils in Simscript geschrieben wurde, zu erstellen. Die logische Verknüpfung erfolgt durch einen zentral verwalteten, aus Software bestehen-
den Zeitkalender, in den der Startzeitpunkt der Funktions-
ausführung, die mit einer zeitlichen Abhängigkeit behaftet
ist, als ein Ereignis eingetragen wird. Über den Zeitkalender
wird die Folge der eingetragenen Ereignisse, die das Zeitverhalten des gesamten Systems charakterisiert, gesteuert.

Durch die Möglichkeit des Eintrags externer Ereignisse in
den Kalender sind Abfragen des Systemzustands von außen zu

jedem beliebig vorgebbaren Zeitpunkt möglich. Die beschriebene Technik erlaubt, die Verknüpfungen der Systeme in über-
sichtliche Zusammenhänge aufzulösen, so daß sich auch komplexe Systeme ohne großen Aufwand nachbilden lassen.
Neben der Modellbildung ist die statistische Absicherung der
Simulationsergebnisse eine notwendige Voraussetzung. Die Qualität der Simulationsergebnisse ist von der Simulationsdauer
abhängig. Je länger sie ist, desto genauere Ergebnisse sind
zu erwarten. Deshalb wurde die Mindestdauer einer Schicht
mit 18 000 s ermittelt. Die theoretischen Grundlagen für diese Betrachtungen sind in [44] abgeleitet.
Von ähnlicher Bedeutung ist die Anzahl der simulierten Schichten. Da der erste simulierte Tag von den Anlaufbedingungen
geprägt ist, wird zur Auswertung der Simulationsergebnisse der
zweite Tag verwendet.

4.2.1.3 Ein-/Ausgabeparameter

Zur Untersuchung der beschriebenen Werkstückflußvarianten sind
die Ein-/Ausgabeparameter von Bedeutung, die das Zeitverhalten
beeinflussen und beschreiben (Bild 4-3).

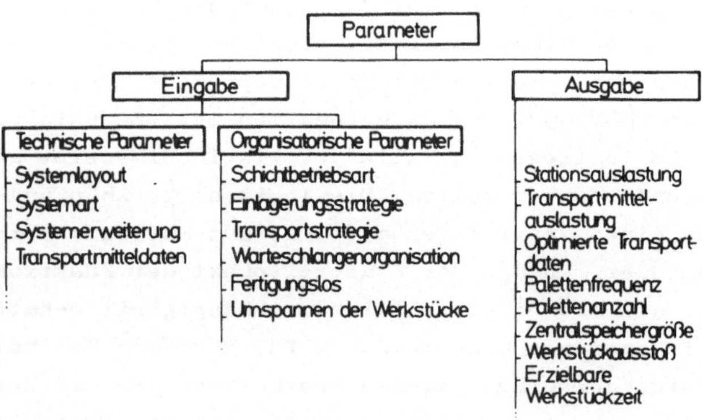

Bild 4-3: Gliederung der Parameter

Die durchgeführte Gliederung der Parameter orientiert sich
an den angestrebten U tersuchungsschwerpunkten. Da vor allem
die endgültige Dimensionierung der einzelnen Werkstückflußkomponenten und ein Systemvergleich im Vordergrund stehen
soll, müssen Parameter beobachtet werden, die für diese Aufgaben auch Aussagen liefern. Sie werden als Ausgabeparameter
bezeichnet und zeigen als Indikatoren Änderungen im System
an. Die variierten Parameter sind als Eingabeparameter definiert. Grundsätzlich ist es jedoch auch möglich, die Ein-
und Ausgabeparameter je nach Betrachtungsweise zu tauschen.

In der Parameterliste sind weiterhin Planungsziele zu berücksichtigen, sofern sie das Zeitverhalten des Systems beeinflussen. Beispiele hierfür sind die Schichtbetriebsart und die
zeitliche Nutzung der Einrichtungen.
Die zu betrachtenden technischen Eingabeparameter sind in
Bild 4-4 angeführt.

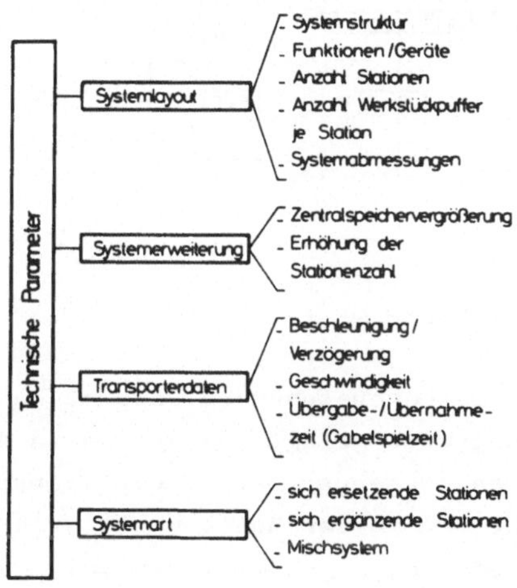

Bild 4-4: Gliederung der technischen Parameter

Sie lassen sich in die vier Gruppen Systemlayout, Systemer-
weiterung, Transportmitteldaten und Systemart unterteilen.
Während einige Parameter schon in Kap. 2 und Kap. 3 behandelt wurden, sind weitere noch näher zu erläutern.
Grundsätzlich wird vorausgesetzt, daß jede Fertigungsstation
einen Pufferplatz besitzt. Für Simulationen, bei denen die
Systemabmessungen nicht variiert werden, erfolgt eine Orien-
tierung an den Maßen der Pilotanlage eines FFS (Bild 4-5).

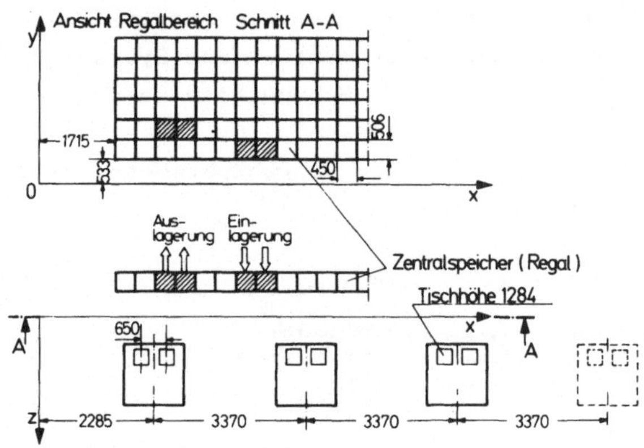

Bild 4-5: Systemabmessungen

Außerdem werden für die bevorstehenden Untersuchungen sich ersetzende Stationen zugrunde gelegt, da gerade in diesem Fall
infolge fehlender Kapazitätsengpässe an die Transportmittel
hinsichtlich der Zahl der in der Zeiteinheit erforderlichen
Transporte hohe Anforderungen gestellt werden.
Der organisatorische Parameter Schichtbetriebsart (Bild 4-6)
bestimmt die Anzahl der Bedienschichten, in denen das Bedienungspersonal anwesend ist, und die Gesamtzahl der Schichten
je Tag. Vorzugsweise werden der 3/1-Schichtbetrieb (drei
Fertigungsschichten je Tag bei einer Bedienschicht) und der
1/1-Schichtbetrieb untersucht.

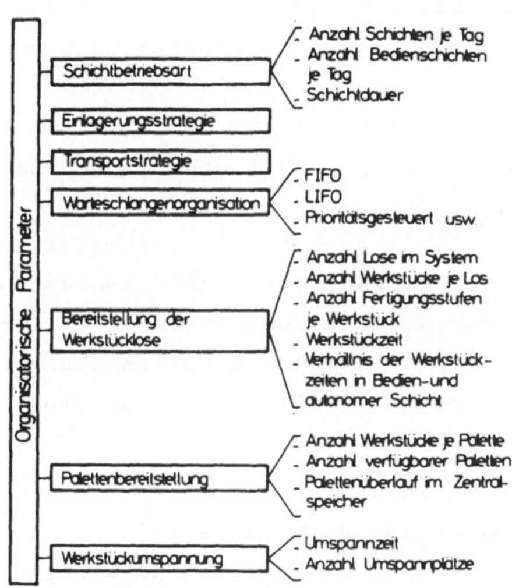

<u>Bild 4-6</u>: Gliederung der organisatorischen Parameter

Die hier untersuchte Einlagerungsstrategie setzt einen zentralen Werkstückspeicher voraus. Sie veranlaßt eine zeilenweise Einlagerung beim Simulationsstart. Die Werkstücke werden nach der Bearbeitung oder Umspannung in ihr vorheriges Fach zurückgebracht, das solange unbesetzt bleibt.
Die Transportstrategie erfolgt in den Systemen A1, A2, A3 nach dem strahlenförmigen Prinzip, während B1 das schleifenförmige Fließprinzip verwirklicht (Kap. 2.5.2).
Die Bedienung der Stationen ist prioritätsgesteuert (Kap. 6.1.2.1). Sie hat außerdem Vorrang vor der Ein-/Auslagerung.

Mit jedem Transport soll nach Möglichkeit immer eine Palette, die bei der Betrachtung des zeitlichen Verhaltens identisch ist mit einem Werkstück, bewegt werden, so daß nur wenig Leerfahrten entstehen (Doppelspielstrategie).
Die Werkstückzeit t_{WS} entspricht, wie schon definiert, der

zur Bearbeitung notwendigen Aufenthaltsdauer in den Fertigungsstationen. Sind für ein Werkstück mehrere Aufspannungen auf einer Palette erforderlich, so wird die gesamte
Fertigungszeit aus der Summe der einzelnen Werkstückzeiten
gebildet.

Das Umspannen der Werkstücke erfolgt auf dem Werkstückspannplatz. Hierbei sind die Umspannzeit und die Anzahl der Um-
spannplätze von Bedeutung.

Die Variation aller angegebener Eingabeparameter führt zu
einer kaum übersehbaren Anzahl von Simulationsläufen. Aus
diesem Grunde wird nur der Einfluß der Parameter untersucht,
die sich zu Beginn der beschriebenen Untersuchungen sehr
bald als wesentlich herausgestellt haben. Es sind die
Größen:

- Werkstückzeit
- Streubreite der Werkstückzeit
- Anzahl der Fertigungsstufen je Werkstück
- Zusammensetzung der Werkstücklose
- Umspannzeit auf dem Werkstückspannplatz
- Transportgeschwindigkeit
- Systemabmessungen
- Anzahl der Fertigungsstationen und die
- Schichtbetriebsart.

4.2.2 Messungen am ausgeführten System

Die Messungen an einem installierten System lassen die genauesten Aussagen über das Zeitverhalten zu. Da während der Systemauslegung jedoch nur an anderen, aufgebauten FFS gemessen
werden kann, die Rückschlüsse auf das zu planende System erlauben, entfällt diese Methode in vielen Fällen als Planungs-
hilfsmittel. Deshalb soll hier das Messen vor allem dazu dienen, die Simulation und indirekt die analytischen Methoden hinsichtlich ihrer Qualität zu überprüfen. Zu diesem Zwecke müssen
das Zeitverhalten einer installierten Anlage mit allen angeführten Methoden ermittelt und die erzielten Ergebnisse gegenübergestellt werden. Der Vergleich, dem die erwähnte Pilot-

anlage zugrunde liegt, wird in Kap. 7.1 durchgeführt.
Zunächst ist es jedoch erforderlich, die Grundlagen dafür zu
erarbeiten.
Wichtige Größen, die das Zeitverhalten eines Transportmittels
bestimmen, sind die Beschleunigung bzw. Verzögerung, die er-
reichbare Transportgeschwindigkeit und der Transportablauf.

Das Regalbediengerät der Pilotanlage wird in der horizontalen
Achse durch kunststoffbeschichtete Räder angetrieben, die auf
einer Stahlschiene mit glatter Oberfläche rollen. Die größt-
mögliche Beschleunigung wird damit durch das Reibverhalten
von Antriebsrad und Schiene bestimmt.
Für die Untersuchungen ist insbesondere der Fall interessant,
der das maximale Reibmoment zugrunde legt. Aus ihm läßt sich
die maximale Beschleunigung ermitteln. Sie betrug in der
x-Achse (horizontale Achse) 2,2 m/s^2. Die Sollvorgabe für die
horizontale Fahrgeschwindigkeit erfolgt dabei in Form einer
Rampe. Der rampenförmige Geschwindigkeitsverlauf ist ebenso
wie andere Systemeigenschaften in der Simulation nachzubilden.

Ein möglicher Sollwert und das gemessene Fahrverhalten, aus-
gedrückt in dem Parameter v_x, der die Horizontalgeschwindigkeit beschreibt, sind in Bild 4-7 dargestellt.
Es zeigt, daß der thyristorgesteuerte Gleichstromnebenschluß-

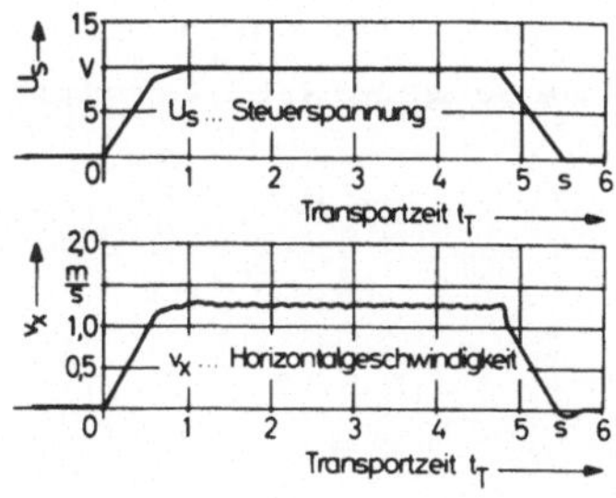

Bild 4-7: Erzeugung des Geschwindigkeitsollwertes

antrieb des Regalbediengerätes ziemlich exakt der Sollkurve
folgt.

Für die vertikale y-Achse konnte eine entsprechende Charakteristik nachgewiesen werden. Allerdings ist dort die Beschleunigung bzw. Verzögerung aufgrund des Motordrehmoments auf $2,4 \text{ m/s}^2$ begrenzt.

Die Transportgeschwindigkeit ist von ähnlicher Bedeutung wie die Beschleunigung. In der x-Achse wurde ein maximaler Wert von $v_x = 1,25 \text{ m/s}$ gemessen, während $v_y = 0,53 \text{ m/s}$ beträgt.

Wie schon erwähnt, dienen die Messungen vor allem zur Überprüfung der Simulation und analytischen Methoden, auf die im folgenden vertieft eingegangen wird.

Simulationen bilden das zu entwerfende System am genauesten nach. Deshalb wird auf diese Methode in dieser Arbeit besonderes Gewicht gelegt. Ihrem Einsatz sind jedoch Grenzen gesetzt, da Großrechner mit einem großen Arbeitsspeicherplatz zur Verfügung stehen müssem und eine umfangreiche Zahl von Simulationsläufen, die sich in entsprechenden Kosten niederschlagen, durchzuführen sind.

Da diese Einschränkungen nicht immer umgangen werden können, erscheint es notwendig, der Simulation die im nächsten Abschnitt entwickelten analytisch mathematischen Gleichungen gegenüberzustellen. Der einfacheren Handhabung steht jedoch dort eine geringere Qualität der erzielten Ergebnisse gegenüber. Deshalb muß der Entwicklung der Gleichungen eine Fehlerabschätzung folgen. Dies wird vor allem durch einen Vergleich mit Messungen bzw. Simulationsergebnissen erreicht.

5 Ermittlung des Zeitverhaltens durch analytische Methoden

Bei der Entwicklung analytischer Methoden sind mehrere Voraussetzungen zu beachten.

Es ist nicht möglich, den die Transportzeit beeinflussenden aktuellen Standort eines Transportmittels zu erfassen. Außerdem kann nur eine definierte Folge von Transporten vorgegeben werden und die Berücksichtigung von Prioritäten bei der Transportfolge wäre mit sehr großem Aufwand verbunden. Diese und weitere Einschränkungen haben eine starke Vereinfachung der nachgebildeten Systemmodelle zur Folge.

Das Ziel der analytisch mathematischen Betrachtung ist die Berechnung einer mittleren Transportzeit $\bar{t}_T$, aus der die Palettenfrequenz der Auslastungslinie bei voller Auslastung der Transportmittel, die dem Palettendurchsatz je Zeiteinheit zwischen Werkstückspannplatz und Zentralspeicher entspricht, abgeleitet werden kann. Hierzu werden zunächst die mittleren Transportwege berechnet, die bei der Durchführung der einzelnen Transportaufgaben Einlagerung, Auslagerung und Stationsbedienung zurückzulegen sind. Die notwendigen Rechenschritte erfordern einen großen Aufwand, wenn viele verschiedene Wege und eine hohe Geschwindigkeit mit nicht zu vernachlässigenden Beschleunigungs- und Verzögerungsphasen vorhanden sind. Dies ist besonders in Systemen mit Regallagern der Fall. Auf sie wird deshalb anschließend näher eingegangen.

In der Richtlinie VDI 3561 [49], deren Basis die Untersuchungen in [50] sind, wird angegeben, wie die mittlere Transportzeit in Hochregalen zu berechnen ist. Der Ansatz erfolgt mit Hilfe der Infinitesimalrechnung. Dabei wird angenommen, daß die Zahl der Palettenplätze (Regalfach) unendlich groß und die Abmessungen jedes einzelnen Palettenplatzes beliebig klein werden können. Außerdem werden gleichförmige Geschwindigkeiten über den gesamten Transportweg angenommen. Durch diese Annahme wird ein Fehler in die Rechnung hineingetragen, der umso größer ist, je geringer die Zahl der Pa-

lettenplätze und je größer die Abmessungen jedes einzelnen
Platzes sind [51,S.73].

Da die Regale in FFS im Vergleich mit der Hochregallagertech-
nik sehr klein sind - ein Regal, das dreihundert Fächer aufweist und die Maße der Pilotanlage besitzt, liegt z.B. noch
innerhalb der kleinsten von insgesamt dreiundsechzig Hochre-
gallagerklassen, die in [50,S.169] angeführt sind - entfallen
wesentliche Voraussetzungen für die Berechnung nach VDI 3561.
Veranschaulicht wird der Zusammenhang in Bild 5-1, in dem die
mittlere Horizontalgeschwindigkeit $\bar{v}_x$ des Transportmittels
über dem Transportweg abgetragen ist. Die Kurve mit der Beschleunigung von 1,25 m/s^2, die das Ergebnis von Messungen
darstellt, nähert sich erst bei größeren Wegen als s_x=5 m der
maximalen Geschwindigkeit v_x=0,5 m/s. Bei einem Regal mit
dreihundert Fächern und den Abmessungen der Pilotanlage bewegt man sich damit häufig in dem von der Beschleunigung
stark beeinflußten Bereich.

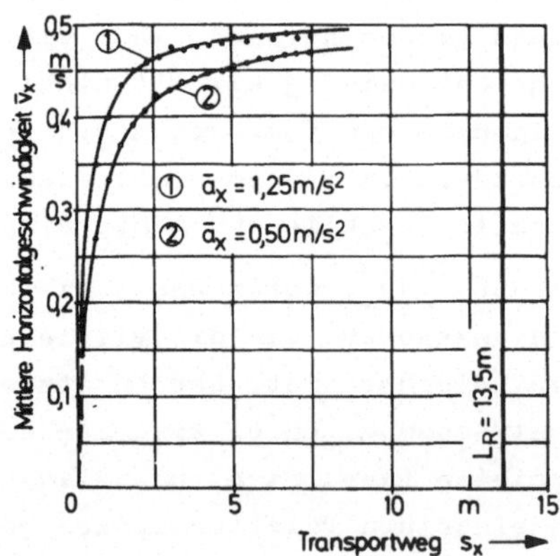

Bild 5-1: Mittlere Transportgeschwindigkeit

Da außerdem eine beliebige Anordnung der Übergabefächer nicht
vorausgesetzt werden kann [52], wird ein Weg beschritten,

dessen Grundlage das Rechnen mit Summen bildet.

5.1 Berechnung aufgrund mittlerer Transportwege

Zur Entwicklung der mathematischen Gleichungen wird eine Zerlegung des Transportablaufes entsprechend den Transportaufgaben vorgenommen. In der Werkstückflußvariante A1 lassen sich drei Aufgaben erkennen: Einlagerung, Auslagerung und Stationsbedienung (Bild 5-2).

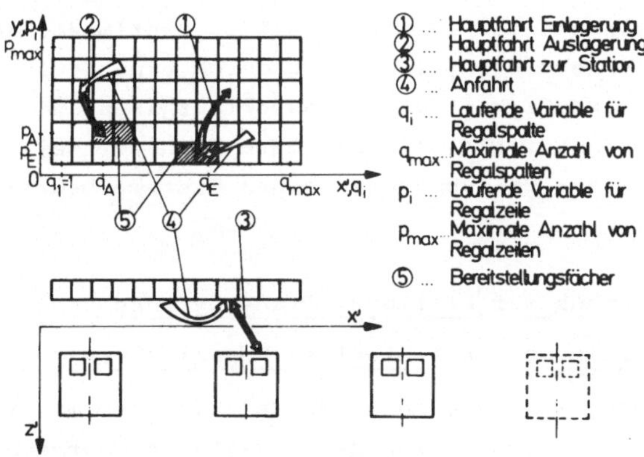

Bild 5-2: Transportaufgaben im System A1

Jeder Transport setzt sich dabei aus Anfahrt (Leerfahrt) und Hauptfahrt (Lastfahrt) zusammen. Die Anfahrt beschreibt die Bewegung des Transportmittels von seinem aktuellen Standort zu der abzuholenden Palette, während in der Hauptfahrt die Palette zu ihrem Bestimmungsort gebracht wird. Unabhängig von den Transportaufgaben lassen sich außerdem aufgrund der Start- und Zielorte drei Gruppen unterscheiden:

- Fahrt zwischen beliebigen Regalfächern
- Fahrt zwischen einem beliebigen und einem
  vorgegebenen Regalfach

- Fahrt zwischen einem beliebigen Regalfach
und einem vorgegebenen Ort außerhalb des Regals

Für diese drei ortsbezogenen Gruppen werden zunächst die mittleren Transportwege errechnet. Da die Antriebe eines Regalbediengerätes unabhängig voneinander eine aus x'- und y'-Koordinaten bestehende Position gleichzeitig anfahren, wird der mittlere Weg zunächst in der x-Achse bestimmt. Aufgrund ähnlicher Verhältnisse lassen sich die Ergebnisse direkt auf die y-Achse übertragen.

Anschließend ist für die mittleren Transportwege unter Berücksichtigung der Beschleunigung, Verzögerung und Geschwindigkeit die jeweilige Transportzeit zu bestimmen. Aufbauend auf diesen Ergebnissen, läßt sich durch eine Gewichtung entsprechend der Häufigkeit der Transportaufgaben und Bildung des arithmetischen Mittels, die mittlere Transportzeit $\bar{t}_T$ errechnen, mit der das Zeitverhalten eines Systems beurteilt werden kann.

5.1.1 Berechnung der mittleren Transportwege

5.1.1.1 Fahrt zwischen beliebigen Regalfächern

Die Ableitung der Gleichung, aus der sich der mittlere Weg bei Fahrten zwischen beliebigen Regalfächern errechnet, erfolgt für die x-Achse anhand eines einzeiligen Regals.

Es wird angenommen, daß von jeder Regalspalte q_i jede andere Spalte gleich oft angefahren wird. Aus diesem Grunde erscheint es sinnvoll, zunächst nur die Fahrten von der Spalte $q_1=1$ zu starten und wenn alle anderen angefahren sind, den Startpunkt um eine Spalte zu verschieben. Diese Vorgehensweise ist solange anzuwenden, bis jede Spalte einmal der Startpunkt q_j war. Der gesamte gefahrene Weg $s_{RR,x}$ ergibt sich bei konstanter Regalspaltenbreite $l_{R,x}$ und der maximalen Spaltenanzahl q_{max} mit:

$$
\begin{aligned}
s_{RR,x} = l_{R,x}\big\{(\quad &0 \quad + \quad 1 \quad + \ldots + (q_{max}-2) + (q_{max}-1)) \\
+(\quad &1 \quad + \quad 0 \quad + \ldots + (q_{max}-3) + (q_{max}-2)) \\
+(\quad &2 \quad + \quad 1 \quad + \ldots + (q_{max}-4) + (q_{max}-3)) \\
&\;\vdots \\
+((q_{max}-3) &+ (q_{max}-4) + \ldots + \quad 1 \quad + \quad 2 \quad) \\
+((q_{max}-2) &+ (q_{max}-3) + \ldots + \quad 0 \quad + \quad 1 \quad) \\
+((q_{max}-1) &+ (q_{max}-2) + \ldots + \quad 1 \quad + \quad 0 \quad)\big\}
\end{aligned}
$$

$$(5.1/1)$$

Wird vorausgestzt, daß der Startpunkt selbst auch einen Zielpunkt darstellt, ergibt sich eine Transportanzahl von
$q_{max} \cdot q_{max}$, durch die der gesamte Weg zu dividieren ist.
Damit entsteht ein mittlerer Weg von:

$$
\bar{s}_{RR,x} = \frac{2 l_{R,x}}{q_{max} \cdot q_{max}} \sum_{q_i=1}^{q_{max}-1} q_i (q_{max} - q_i)
$$

$$
= \frac{2 l_{R,x}}{q_{max}^2} \left[\sum_{q_i=1}^{q_{max}-1} q_i \cdot q_{max} - \sum_{q_i=1}^{q_{max}-1} q_i^2 \right] \quad \text{für } q_i \in \mathbb{N} \text{ und} \\ q_i \neq 0
$$

$$(5.1/2)$$

In der Gleichung wird vorausgesetzt, daß der Startpunkt sel-
ber auch einen Zielpunkt darstellt. Das Transportmittel holt
dadurch einmal die Palette aus dem dortigen Regalfach und
legt sie sofort wieder zurück. Der Vorgang, der nicht sinnvoll erscheint, erhält seine Rechtfertigung, wenn das ein-
zeilige Regal auf ein mehrzeiliges erweitert wird
(Kap. 5.1.1.3 und Kap. 5.1.3).

Durch Substitution und Umformung läßt sich die Gleichung vereinfachen.

Nach $[53, S.137]$ gilt:

$$1 + 2 + 3 + \ldots + n = \frac{n(n+1)}{2} \quad \text{und}$$

(5.1/3)

$$1^2 + 2^2 + 3^2 + \ldots + n^2 = \frac{n(n+1)(2n+1)}{6}$$

(5.1/4)

Werden die Gleichungen 5.1/3 und 5.1/4 in 5.1/2 eingesetzt, resultiert daraus:

$$\bar{s}_{RR,x} = \frac{l_{R,x}}{3} \left(q_{max} - \frac{1}{q_{max}} \right)$$

(5.1/5)

In der y-Achse ergibt sich analog:

$$\bar{s}_{RR,y} = \frac{l_{R,y}}{3} \left(p_{max} - \frac{1}{p_{max}} \right)$$

(5.1/6)

Der mittlere Weg beträgt also für die Fahrten zwischen beliebigen Regalfächern etwa ein Drittel der Regallänge bzw. Regalhöhe.

5.1.1.2 Fahrt zwischen beliebigem und vorgegebenem Regalfach

Diese Fahrten betreffen in FFS die Einlagerung und die Hauptfahrt der Auslagerung (Bild 5-2). Aufgrund der Position der Übergabestellen des Werkstückspannplatzes sind zwei Fälle zu unterscheiden. Die Übergabe erfolgt entweder innerhalb oder außerhalb des Regalbereiches. Befindet sich eine Übergabestelle im Regalbereich, so ist sie identisch mit einem Regalfach, oder sie ist gegenüber der Regalfront angeordnet. Wird diese Konstellation vorausgesetzt, kann der mittlere Weg für ein einzeiliges Regal aus der Summe der Einzelwege links und rechts von der Übergabestelle errechnet werden.

Es gilt:

$$\bar{s}_{RE,x} = \frac{l_{R,x}}{q_{max}} \left(\sum_{q_i=1}^{q_E-1} q_i + \sum_{q_i=1}^{q_{max}-q_E} q_i \right)$$

(5.1/7)

Der Parameter q_E beschreibt die Spalte, in der sich das Übergabefach befindet $(1 \leq q_E \leq q_{max})$. Durch Einsetzen der Gleichung 5.1/3 in 5.1/7 erhält man nach einigen Umformungen:

$$\bar{s}_{RE,x} = \frac{l_{R,x}}{2 \cdot q_{max}} \left(2q_E(q_E - 1) + q_{max}(q_{max} - 2q_E + 1) \right) \qquad (5.1/8)$$

Aus der Analogie der y-Achse ergibt sich für ein einspaltiges Regal, das die Übergabe in der Zeile p_E hat:

$$\bar{s}_{RE,y} = \frac{l_{R,y}}{2 \cdot p_{max}} \left(2p_E(p_E - 1) + p_{max}(p_{max} - 2p_E + 1) \right) \qquad (5.1/9)$$

Die entwickelten Gleichungen sind gültig, wenn die Übergabestelle zum Werkstückspannplatz im Regalbereich angeordnet ist. Da jede Fertigungsstation für das Transportmittel auch nichts anderes als eine Übergabestelle darstellt, sind die Stationen, die direkt gegenüber der Regalfront stehen, in den Gleichungen 5.1/8 und 5.1/9 eingeschlossen. Sie berechnen damit den mittleren Weg für die

- An- und Hauptfahrt der Einlagerung
- Hauptfahrt der Auslagerung und
- Hauptfahrt der Stationsbedienung

Für Übergabestellen außerhalb des Regalbereiches sind die Beziehungen maßgebend, die im nächsten Abschnitt abgeleitet werden.

5.1.1.3 Fahrt zwischen beliebigem Regalfach und vorgegebenem Ort außerhalb des Regals

Die Übergabestelle neben dem Regal wird durch die Koordinaten x_E', y_E' beschrieben. Wird von ihr aus das Regal bedient, ergibt sich der mittlere Weg in der x-Achse aus der Summe der Wegstrecken $l_{R,x} \cdot q_i - x_E'$ zwischen der Übergabestelle x_E' und den einzelnen Regalspalten q_i:

$$\bar{s}_{RE,x} = \frac{1}{q_{max}} \sum_{q_i=1}^{q_{max}} (q_i \cdot l_{R,x} - x_E') = \frac{1}{q_{max}} \left(\sum_{q_i=1}^{q_{max}} q_i \cdot l_{R,x} - q_{max} \cdot x_E' \right)$$

$$(5.1/10)$$

Durch Einsetzen der Gleichung 5.1/3 in 5.1/10 und Bildung des Betrages resultiert daraus:

$$\bar{s}_{RE,x} = \left| \frac{q_{max}+1}{2}\, l_{R,x} - x'_E \right| \quad \text{für } x'_E \geqq l_{R,x}(q_{max}+1) \qquad (5.1/11)$$

Für die y-Achse gilt:
$$\text{und } x'_E \leqq 0$$

$$\bar{s}_{RE,y} = \left| \frac{p_{max}+1}{2}\, l_{R,y} - y'_E \right| \quad \text{für } y'_E \geqq l_{R,y}(p_{max}+1) \qquad (5.1/12)$$

$$\text{und } y'_E \leqq 0$$

Der mittlere Weg ergibt sich für diese Fahrten also aus dem Abstand Regalmitte-Übergabestelle. Ähnlich wie im Regalbereich kann auch hier die Übergabestelle eine Fertigungsstation verkörpern.

Die entwickelten Gleichungen sind jeweils für eine Regalzeile bzw. -spalte abgeleitet. Ist ein mehrzeiliges Regal vorhanden, entstehen für jede zusätzliche Zeile dieselben Transportanforderungen. Außerdem werden aber auch von einer Zeile aus die anderen angefahren. Befindet sich beispielsweise die Übergabestelle in der untersten Regalzeile, so sind die Zielpunkte nicht nur die anderen Fächer derselben Zeile, sondern auch alle übrigen Fächer.

Da die x-Achse unabhängig von der y-Achse betrachtet wird, bedeuten mehrere Zeilen aber nichts anderes, als daß die untersten Fächer bzw. die entsprechenden Spalten mehrmals in x-Richtung angefahren werden. Ein mehrmaliges Anfahren derselben Fächer ergibt jedoch keinen anderen Mittelwert. Damit sind die entwickelten Gleichungen auch für ein mehrzeiliges Regal gültig.

Aus dem beschriebenen Zusammenhang erklärt sich weiterhin die in Kap. 5.1.1.1 definierte Voraussetzung, die das Übergabefach nicht nur als Start- sondern auch als Zielpunkt vorsieht.

Um einen Überblick über die verschiedenen Gleichungen und die auftretenden Sonderfälle zu ermöglichen, werden sie in Tabelle 5-1 zusammengestellt.

Transport			Mittlerer Transportweg	Randbedingung
Beliebige Regalfächer			$\bar{s}_{RR,x} = \dfrac{l_{R,x}}{3}\left(q_{max} - \dfrac{1}{q_{max}}\right)$	
Beliebiges Regalfach und gegebener Ort	Ort innerhalb des Regales		$\bar{s}_{RE,x} = \dfrac{l_{R,x}}{2\,q_{max}}\left(2q_E(q_E-1)+q_{max}(q_{max}-2q_E+1)\right)$	$1 \leqq q_E \leqq q_{max}$
			$\bar{s}_{RE,x} = l_{R,x}\,\dfrac{q_{max}-1}{2}$	$q_E = 1$
			$\bar{s}_{RE,x} = l_{R,x}\,\dfrac{q_{max}-1}{2}$	$q_E = q_{max}$
	Ort außerhalb des Regales		$\bar{s}_{RE,x} = \left| \dfrac{q_{max}+1}{2}\,l_{R,x} - x'_E \right|$	$x'_E \geqq (q_{max}+1)l_{R,x}$ $x'_E \leqq 0$
			$\bar{s}_{RE,x} = l_{R,x}\,\dfrac{q_{max}+1}{2}$	$x'_E = 0$
			$\bar{s}_{RE,x} = l_{R,x}\,\dfrac{q_{max}+1}{2}$	$x'_E = (q_{max}+1)\,l_{R,x}$

<u>**Tabelle 5-1:**</u> Übersicht über die analytischen Gleichungen

5.1.2 Berechnung der mittleren Transportzeit

Soll die betrachtete Methode zur Ermittlung des Zeitverhaltens eines FFS dienen, muß die Kenntnis der Transportzeiten vorausgesetzt werden.

Grundlage der Transportzeiten sind die mittleren Wege, die für die An- und Hauptfahrt der Ein- und Auslagerung sowie für jede Station zu berechnen sind. Auf der Basis des Geschwindigkeits-Wegdiagrammes, das die Beschleunigungs- und Verzögerungsphasen berücksichtigt, werden für die mittleren Wege in x- und y-Achse die Fahrtzeiten ermittelt. Aus ihnen

werden die Transportzeiten der einzelnen Transportaufgaben
gebildet wie folgt (Bild 5-2):

Transportzeit = Anfahrtzeit + Hauptfahrtzeit

In der x-Achse gilt für die:

Einlagerung:

$$t_{E,x}=t_{RE,x}+(t_{RE,x}+2t_G) \qquad (5.1/13)$$

Auslagerung:

$$t_{A,x}=t_{RR,x}+(t_{RA,x}+2t_G) \qquad (5.1/14)$$

Stationsbedienung:

$$t_{M,x}=t_{RR,x}+2(t_{RM,x}+2t_G) \qquad (5.1/15)$$

Der Parameter $t_{RM,x}$ stellt dabei den Mittelwert aus den
Hauptfahrtzeiten aller Stationen dar, während t_G die Gabel-
spielzeit beinhaltet. Die anderen Größen beschreiben die
Fahrten im Regalbereich.
Die endgültigen Werte werden gebildet, indem die Transport-
zeiten der x- und y-Achse miteinander verglichen werden. Maß-
gebend ist die größere der beiden Zeiten.
Es gilt für die:

Einlagerung:

$$t_E=\text{Max}\ \{t_{E,x}, t_{E,y}\} \qquad (5.1/16)$$

Auslagerung:

$$t_A=\text{Max}\ \{t_{A,x}, t_{A,y}\} \qquad (5.1/17)$$

Stationsbedienung:

$$t_M=\text{Max}\ \{t_{M,x}, t_{M,y}\} \qquad (5.1/18)$$

Sind die Aufgaben, die ein Transportmittel in einem logischen
Ablauf nacheinander auszuführen hat bekannt, läßt sich aus
den einzelnen Transportzeiten die mittlere Transportzeit $\bar{t}_T$
ermitteln. Für die Werkstückflußvariante A1 ergibt sich in
der Bedienschicht eines 3/1-Schichtbetriebes:

$$\bar{t}_T = \frac{3(t_E+t_A)+t_M}{4} \qquad (5.1/19)$$

Je Stationsbedienung in dieser Bedienschicht werden drei Ein-
und Auslagerungen ausgeführt, von denen zwei jeweils für die

zwei autonomen Schichten bestimmt sind. Die mittlere Transportzeit $\bar{t}_T$ ist hier als durchschnittliche Zeit für ein Doppelspiel definiert. Ein Doppelspiel beinhaltet entweder einen Hin- und Rücktransport bei der Stationsbedienung oder eine Ein- und Auslagerung. Durch die mittlere Transportzeit steht eine Größe zur Verfügung, mit der das Zeitverhalten eines Systems beschrieben werden kann. In Kap. 7.2 wird dies an einem Beispiel demonstriert.

5.1.3 <u>Fehlermöglichkeiten der Gleichungen</u>

Um eine Aussage über die Qualität der entwickelten Gleichungen zu erzielen, wird eine Fehlerabschätzung vorgenommen. Ungenauigkeiten treten bei der Wegermittlung, aber auch bei der Berechnung der mittleren Transportzeiten auf. Die vereinfachende Voraussetzung in Kap. 5.1.1.1, die erlaubt, daß das Startfach auch ein Zielfach verkörpert, trägt beispielsweise einen Fehler in die Gleichungen hinein, der umso größer wird, je kleiner das Regal ausgelegt ist. Zur Abschätzung dieses Fehlers muß der Weg exakt ermittelt und mit dem der angegebenen Gleichungen verglichen werden.
Die Ableitung der Zusammenhänge geschieht auf der Grundlage des Kap. 5.1.1.2, das die Fahrt zwischen einem beliebigen und einem vorgegebenen Regalfach beschreibt. Betrachtet wird insbesondere der Fall, bei dem sich das Übergabefach in der linken unteren Ecke eines mehrzeiligen Regals befindet (Tabelle 5-1, $q_E=1$). Der exakte mittlere Weg ist gegeben, wenn von dem Übergabefach aus die restlichen Fächer der untersten Zeile und alle Fächer der darüberliegenden Zeilen angefahren werden. Damit sind für die unterste Zeile $q_{max}-1$ Transporte und für jede darüber angeordnete Zeile q_{max} Transporte durchzuführen. Die entsprechende Beziehung läßt sich definieren wie folgt:

$$\bar{s}_{RE,e,x} = \frac{\frac{l_{R,x}}{2} \cdot q_{max} + (p_{max}-1) \cdot \frac{l_{R,x}}{2}(q'_{max}-1)}{p_{max}} \qquad (5.1/20)$$

Der Fehler der in Kap. 5.1.1.2 abgeleiteten Gleichungen
läßt sich nun angeben mit:

$$\frac{\Delta \bar{s}_{RE,x}}{\bar{s}_{RE,x}} = \frac{\frac{l_{R,x}}{2}\left(q_{max} + \frac{1}{p_{max}} - 1\right) - \frac{l_{R,x}}{2}\left(q_{max} - 1\right)}{\frac{l_{R,x}}{2}\left(q_{max} - 1\right)} \tag{5.1/21}$$

Hierbei ist der erste Term des Zählers eine vereinfachte Form
von 5.1/20. Durch Umformen erhält man folgende Beziehung:

$$\frac{\Delta \bar{s}_{RE,x}}{\bar{s}_{RE,x}} = \frac{1}{p_{max}} \cdot \frac{1}{q_{max} - 1} \tag{5.1/22}$$

Dieser Zusammenhang gibt die Abweichung an, die infolge der
gewählten Voraussetzung, das Startfach auch als Zielfach zu-
zulassen, bei der Berechnung des mittleren Weges entsteht
(Bild 5-3).

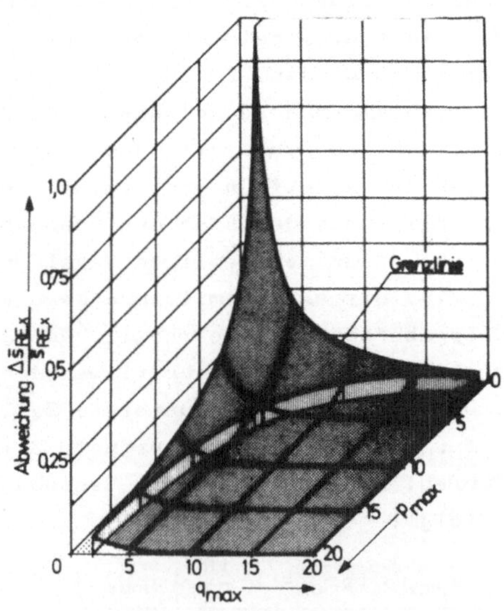

Bild 5-3: Fehlerabschätzung

Sie beträgt beispielsweise für ein Regal mit einer Zeile
und zwei Spalten 100 %, fällt aber schon bei geringer Regal-
vergrößerung stark ab. Bei einem Regal von fünf Zeilen und
fünf Spalten ist sie schon auf ewa 5 % reduziert. Um sämtliche
Kombinationen von q_{max} und p_{max} zu charakterisieren, die eine
kleinere Abweichung als die zugelassenen 5 % garantieren, ist
in das besprochene Bild eine entsprechende Grenzlinie eingezeichnet.
Generell läßt sich anhand der Darstellung der Schluß ableiten,
daß die Gleichungen in Tabelle 5-1 nur bei Regalen mit mindestens fünfundzwanzig Regalfächern (fünf Zeilen, fünf Spalten)
angewendet werden sollten. Der allgemeine Schluß ist zulässig,
da auch für die anderen Gleichungen in der erwähnten Tabelle,
die die Vorgänge im Regal beschreiben, dasselbe Verhalten der
Abweichungen ermittelt wurde.
Weitere Ungenauigkeiten entstehen, wenn nicht jedes Fach sta-
tistisch gleich oft bedient wird, oder wenn die Lage einer
Station, die gegenüber der Regalfront angeordnet ist, nicht
der Position eines Regalfaches entspricht. Diese Abweichungen sind jedoch von Fall zu Fall verschieden und können deshalb nicht allgemeingültig abgeschätzt werden.
Die größten zu erwartenden Ungenauigkeiten resultieren aus
der Berechnung der mittleren Transportzeit, da sie nicht auf
der Einzeltransportzeit aufbaut, sondern den mittleren Transportweg zugrunde legt. Eine Bewertung dieses Vorganges ist jedoch nur durch den direkten Vergleich der vorgestellten Methode mit der Systemsimulation möglich (Kap. 7.2).

5.2 Berechnung aufgrund der Einzeltransportzeiten

Entgegen den im vorstehenden Abschnitt entwickelten analytisch
mathematischen Gleichungen wird bei dieser Methode nicht mehr
zunächst der mittlere Weg aus einer Vielzahl gleichartiger
Transporte berechnet, dondern von jedem durchgeführten Transport wird aus der gefahrenen Transportstrecke sofort die entsprechende Transportzeit ermittelt. Aus der Summe der einzelnen Transportzeiten und der Transportanzahl resultiert die

mittlere Transportzeit $\bar{t}_T$, die in Abhängigkeit von den Transportaufgaben eine bestimmte Palettenfrequenz f_p ermöglicht.

Da die manuelle Berechnung am zu großen Aufwand scheitert, wurde ein Rechnerprogramm in der Sprache FORTRAN IV erstellt. Mit diesem Programm stehen außer den Messungen drei verschiedene Möglichkeiten zur Ermittlung des Zeitverhaltens eines Systems zur Verfügung, nämlich die Systemsimulation, die im nächsten Abschnitt behandelt wird, und die beiden analytischen Methoden (Bild 4-1). Ergebnisse, die mit dieser Methode gewonnen wurden, sind in Kap. 7.2 beschrieben.

6 Ermittlung des Zeitverhaltens durch Simulation

Die Simulationstechnik ermöglicht eine höhere Abbildungsge-
nauigkeit des Zeitverhaltens als die entwickelten mathematischen Gleichungen (Kap. 4.2.1). Deshalb sollen die Untersuchungen, die zur Systemauslegung von Bedeutung sind, durch
Simulation erfolgen. Hierzu wird zunächst das charakteristische Zeitverhalten der entwickelten Werkstückflußvarianten
in Abhängigkeit von mehreren Eingabeparametern betrachtet. Dabei wird auf die für die Systemauslegung wichtigen Kenngrössen hingewiesen. Weiterhin ist es anhand der Untersuchungen

```
       SIMULATION EINES FLEXIBLEN FERTIGUNGSSYSTEMS (VARIANTE A1)
       ●●●●●●●●●●●●●●●●●●●●●●●●●●●●●●●●●●●●●●●●●●●●●●●●●●●●●●●●●●●●●

ALLE ZEITANGABEN SIND BEZOGEN AUF DIE SIMULIERTE ZEIT
ZEITEINHEITEN  1.0=1 STUNDE, 0.01=1 MINUTE, 0.001=1 SEKUNDE

SCHICHTDAUER                   28.8
SIMULIERTE ZEIT                28.8      TAG  1.0
WERKSTUECKZEIT                  0.400

FERTIGUNGSSTATIONEN
●●●●●●●●●●●●●●●●●●●●

STATION                 1       2       3       4       5       6

FERTIGUNGSZEIT       22.799  22.799  22.799  21.599  14.399   1.600
STATIONSSTILLSTAND    0.0     0.0     0.0     0.0    28.271    3.955

SUMME FERTIGUNGSZEIT           105.995
GEFERTIGTE WERSTUECKE          265
STATIONSAUSLASTUNG               0.613

REGALBEDIENGERAET
●●●●●●●●●●●●●●●●●●●●●●●●

TRANSPORTERAUSLASTUNG                1.0
PALETTENFREQUENZ                     9.011
                              TRANSPORTANZAHL            MITTL. TRANSPORTZEIT

TRANSPORT VON SPANNPLATZ ZU REGAL     266.0                  0.026
TRANSPORT VON REGAL ZU SPANNPLATZ     253.0                  0.027
TRANSPORT VON REGAL ZU STATIONEN      480.0                  0.019
TRANSPORT VON STATIONEN ZU REGAL      261.0                  0.022
GESAMTE TRANSPORTE                   1260.0                  0.023

REGAL
●●●●●

REGALGROESSE            ANZAHL ZEILEN  10.0   ANZAHL SPALTEN  30.0
ANZAHL BELEGTER REGALPLAETZE          296.0
PALETTEN IM SYSTEM                     13.0
ANZAHL EINGELAGERTER WERKSTUECKE      266.0

WARTESCHLANGEN
●●●●●●●●●●●●●●●●●●●●●●●

                        LETZTE AENDERUNG   MOMENTANE SCHLANGENLAENGE

    NEUE TEILE(RQUE)           28.8                 283.0
    WAGENANFORDERUNGEN(WQUE)   28.8                   1.0
    FERTIGE TEILE(FQUE)        28.8                   8.0
```

Bild 6.1-1: Rechnerausdruck der Simulationsergebnisse

möglich, verschiedene Ausführungsformen und Lösungsvorschläge
zu verbessern und zu optimieren.

Die Simulationsergebnisse, die die Festlegung einzelner Komponenten der Werkstückflußvarianten erlauben, werden in Kap. 8
in normierter Form allgemeingültig dargestellt. Die Betrachtungen werden in Kap. 9 außerdem durch einen Systemvergleich
ergänzt, der die Definition von Einsatzbereichen der Werkstückflußvarianten ermöglicht.

Die aus der Simulation erzielten Daten wurden in einer Form
aufbereitet, wie sie in Bild 6.1-1 beispielhaft gezeigt ist.
Das Vertrauensintervall der angegebenen Parameterwerte ist
für 95 % Sicherheit errechnet ([44], Kap. 4.2.1.2).

6.1 Auslastungs- und Grenzlinien

6.1.1 Betrachtung der Palettenfrequenz

6.1.1.1 Grundlagen

Die zeitlichen Anforderungen an den Werkstückfluß werden
durch die Fertigungsstationen bestimmt, die zu ihrer Auslastung ständig neue zu bearbeitende Werkstücke benötigen. Für
die Auslegung des Werkstückflusses ist insbesondere der Fall
von Interesse, bei dem die Stationen 100 % ausgelastet sind.
Der Auslastungswert ist maßgebend für die Dimensionierung
des Werkstückflusses, da möglichst keine zeitlichen Nutzungsverluste der Stationen zugelassen werden sollten und somit
der Werkstückfluß maximal belastet wird.
Für die Simulation stellt sich nun die Frage, welche Größen
sich zur Erfassung und Beurteilung des Zeitverhaltens eignen.
Da die prozentuale Stationsauslastung die Eigenschaften des
FFS nur indirekt beschreibt, muß noch eine weitere Größe definiert werden, die die Charakterisierung des gesamten Systems erlaubt. Sie ist gegeben durch die Palettenfrequenz f_P,
die an der Schnittstelle zwischen dem Werkstückspannplatz
und dem eigentlichen System auftritt.
Die für maximale Stationsauslastung notwendige Palettenfrequenz errechnet sich aus der Anzahl Schichten je Tag Z_{SCH},

Anzahl Fertigungsstationen M, Schichtdauer t_{SCH}, Werkstückzeit t_{WS} und 100 % Stationsauslastung.
Es gilt im Grenzfall:

$$Z_{P,TAG} = \frac{Z_{SCH} \cdot M \cdot t_{SCH}}{t_{WS}} \qquad (6.1/1)$$

Die je Tag zwischen Regal und Werkstückspannplatz ein-/ausgela-
gerte Palettenzahl $Z_{P,TAG}$, die der Werkstückanzahl Z_{WS} entspricht, sofern das Werkstück in einer Aufspannung zu fertigen
ist, muß also mindestens gleich der notwendigen Palettenzahl
sein, bedingt durch die gewünschte volle Stationsauslastung in
allen Schichten. Die Paletten müssen in den Bedienschichten
ein-/ausgelagert werden. Daraus folgt für $Z_{BED} = Z_{SCH} - Z_{AUT}$:

$$Z_P = \frac{1}{Z_{BED}} \cdot \frac{Z_{SCH} \cdot M \cdot t_{SCH}}{t_{WS}} \qquad (6.1/2)$$

Durch Umstellung der Gleichung erhält man:

$$\frac{Z_P}{t_{SCH}} = \frac{Z_{SCH}}{Z_{BED}} \cdot \frac{M}{t_{WS}} \qquad (6.1/3)$$

Das Verhältnis Z_P/t_{SCH} wird als Palettenfrequenz f_P definiert:

$$f_P = \frac{Z_P}{t_{SCH}} \qquad (6.1/4)$$

Zwischen dem Parameter f_P, der den Palettenumschlag zwischen
Werkstückspannplatz und dem eigentlichen System angibt und
der Werkstückzeit t_{WS} ist ein hyperbelförmiger Zusammenhang
zu erkennen. Die Grenzkurven in den Diagrammen mit $f_P = f(t_{WS})$,
die die Maximalforderung der Stationen zugrunde legen, sind
damit grundsätzlich mathematisch analytisch errechnete Hyper-
beln. Wird der 1/1-Schichtbetrieb bei den hier vorausgesetz-
ten sechs Fertigungsstationen betrachtet, ergibt sich der in
Bild 6.1-2 eingezeichnete untere Kurvenzug. Die zweite hyperbelförmige Grenzkurve beschreibt den 3/1-Schichtbetrieb.
Dieser notwendigen Palettenfrequenz steht die _mögliche_ Palettenfrequenz, die aus den Eigenschaften des Werkstückflusses

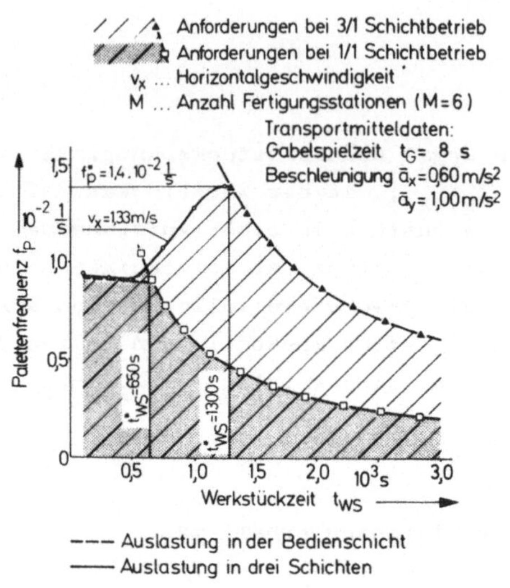

Bild 6.1-2: Auslastungs- und Grenzlinien

resultiert, gegenüber. Sie wird durch Simulation ermittelt und ist durch die Auslastungslinie charakterisiert. Das Zeitverhalten eines Systems wird damit neben den Grenzlinien hauptsächlich durch die Auslastungslinien gekennzeichnet.

Für die Systemauslegung ist vor allem der Schnittpunkt einer Auslastungslinie mit der Grenzlinie (t_{WS}^*, f_P^*) von Bedeutung. Er gibt an, für welche Parameterwerte eines Systems gerade eine volle Stationsauslastung erzielt wird.

6.1.1.2 Charakteristische Auslastungslinien

Anhand von Auslastungslinien soll nun im folgenden das Zeitverhalten mehrerer Systeme betrachtet werden.
Wird ein FFS vorausgesetzt, in dem ein RBG sämtliche Transporte ausführt (Werkstückflußvariante A1), ergibt sich die in

Bild 6.1-2 gezeigte charakteristische Auslastungslinie.
Die simulierte Auslastungslinie nimmt mit steigendem t_{WS} von
100 s bis 500 s zunächst etwas ab, bis eine volle Auslastung
aller Stationen in der Bedienschicht erreicht ist. Der leichte
Abfall von f_P in diesem Bereich liegt in der prioritätsge-
steuerten Transportorganisation begründet, durch die die Stationen mit niedriger Nummer bevorzugt bedient werden. Je
größer die Werkstückzeit t_{WS} wird, desto mehr Stationen werden
angefahren und umso größer werden die Transportwege, da der
Abstand zwischen Regal und Station mit steigender Stationsnummer wächst. Jedes eingelagerte Werkstück wird dabei sofort
zu den Stationen transportiert, bearbeitet und wieder ausge-
lagert.
Das Verhalten der Auslastungslinie in der Nähe der Grenzkurve wird in Kap. 6.5 noch näher untersucht. Sollen zusätzliche
Werkstücke für autonome Schichten eingelagert werden, muß
eine Reduzierung der Transportanforderungen für die Bedienschicht erfolgen. Dies ist bei größeren Werkstückzeiten t_{WS}
der Fall. Die freiwerdende Transportkapazität wird zum Ein-/
Auslagern von Paletten für die autonomen Schichten verwendet.
Der Zuwachs der Ein-/Auslagerungen ist durch den einfach
schraffierten Bereich und die Steigung der Auslastungslinie
dargestellt.
Wird die Werkstückzeit größer als beim 3/1-Schichtbetrieb
zur Auslastung aller Stationen in allen drei Schichten notwendig ist, sinken die notwendigen Transportanforderungen
ähnlich wie beim 1/1-Schichtbetrieb hyperbelförmig ab und das
RBG stellt keinen Engpaß mehr dar. Dies ist für die opti-
mierte Transportgeschwindigkeit v_x=1,33 m/s ab t_{WS}^*= 1300 s
der Fall (Kap. 6.2).
Den Ausführungen ist zu entnehmen, daß vor allem auf den
Schnittpunkt der Auslastungs- und Grenzlinie zu achten ist.
Während der Schnittpunkt die Bedingungen für eine Systemauslegung bei gerade noch voller Stationsauslastung bestimmt,
lassen sich aus dem Verlauf der Auslastungslinie Folgerungen
über das Systemverhalten bei Unterlastung der Stationen treffen. Dabei ist festzustellen, daß eine Verringerung der Werk-

stückzeit die Stationsauslastung umso stärker reduziert, je
größer die Steigung der Auslastungslinie ist. Diese Aussage
fußt auf dem zu bildenden Verhältnis aus möglicher zu notwendiger Palettenfrequenz, das der Stationsauslastung entspricht. Die Auslastungslinie in Bild 6.1-2 verkörpert damit
ein System, das sehr schnell unterlastet wird.
Ein in dieser Hinsicht entgegengesetztes Verhalten weisen
Umlaufspeichersysteme auf (Werkstückflußvariante B1)
(Bild 6.1-3).

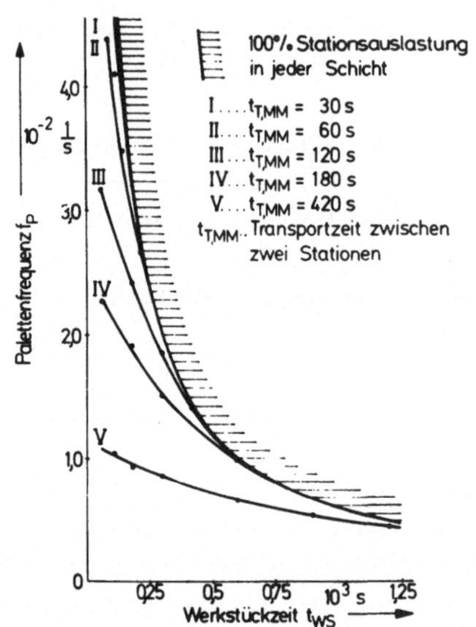

Bild 6.1-3: Auslastungslinien eines Umlaufspeichersystems

Die Auslastungslinien des 1/1-Schichtbetriebes schmiegen sich
eng an die Grenzkurve an, so daß eine Verringerung der Werkstückzeiten nur langsam zu Unterlastungen führt.
Die Auslastungslinien liegen außerdem bei höheren Ordinatenwerten, was die größere Leistungsfähigkeit der Rollenbahn
gegenüber dem RBG dokumentiert.

Bisher wurde das Zeitverhalten von Systemen betrachtet, die nur ein Transportmittel für sämtliche Transportaufgaben eingesetzt haben. Die Frage ist, wie sich der Einsatz eines weiteren Transportmittels auf das Zeitverhalten auswirkt. Allgemein ist eine Verschiebung der Auslastungslinien zu höheren Palettenfrequenzen zu verzeichnen, sofern das zweite Transportmittel Aufgaben des ersten übernimmt. Durch eine Aufgabenteilung wird damit eine Steigerung der Leistungsfähigkeit eines Werkstückflusses erzielt.

Weiterhin ist das Zusammenwirken der beiden Geräte von Interesse. Entsprechende Untersuchungen erlauben Aussagen darüber, unter welchen Bedingungen welches Gerät den Engpaß darstellt. Dies ist wichtig für die Systemauslegung, da nur eine Verbesserung des Engpasses ein günstigeres Zeitverhalten des Gesamtsystems bewirkt. Aus Bild 6.1-4, das die Werkstückfluß-

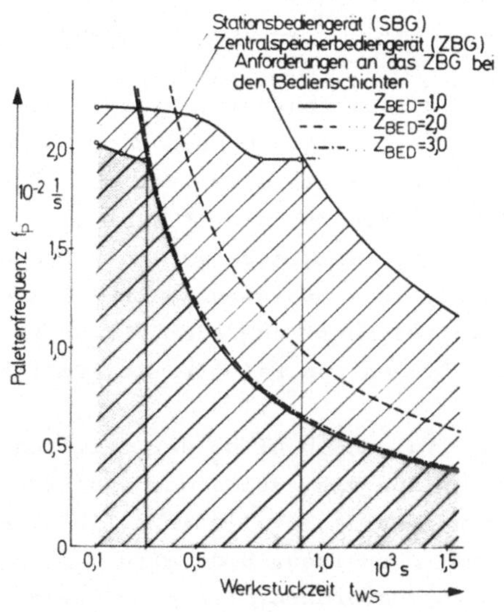

Bild 6.1-4: Engpaßsituation bei Systemen mit mehreren Transportmitteln

variante A2 zur Grundlage hat, läßt sich der Engpaß bei verschiedener Schichtbetriebsart feststellen.

Weist das Zentralspeicherbediengerät (ZBG) auf der Regalrückseite eine ähnliche Palettenfrequenz auf wie das Stationsbediengerät (SBG), so verkörpert das ZBG im 3/1-Schichtbetrieb
in jedem Falle den Engpaß. Um eine Beeinflussung des SBG zu
vermeiden, müßte es im 3/1-Schichtbetrieb eine mindestens
dreifach so hohe Palettenfrequenz wie das SBG aufweisen (Bild
6.1-4, rechter Hyperbelast).

Aufgrund ähnlich großer Transportwege der Ein-/Auslagerung
und der Stationsbedienung ist dies aber nicht möglich.

Eine Entschärfung des Engpasses ZBG wird durch eine größere
Anzahl von Bedienschichten erzielt. Sind z.B. zwei Bedienschichten je Tag vorgesehen, ist nur noch eine halb so große
Palettenfrequenz des ZBG notwendig, während diese Maßnahme
das SBG nicht beeinflußt. Eine ähnliche Wirkung ist gegeben,
wenn in der Bedienschicht ein Werkstückvorrat auf dem Werkstückspannplatz vorbereitet und in den autonomen Schichten
eingelagert wird.

Das ZBG stellt also im 3/1-Schichtbetrieb unter den angegebenen Voraussetzungen den alleinigen Engpaß dar. Während das
SBG die Stationen schon bei Werkstückzeiten von $t^{*}_{WS}=310$ s
voll auslastet, erfordert das ZBG ein $t^{*}_{WS}=925$ s.

Die Auslastung des SBG ist bei dieser großen Werkstückzeit
auf rund 34 % reduziert. Eine Steigerung der SBG-Auslastung
ist durch eine mehrstufige Fertigung oder Übernahme zusätzlicher Funktionen wie Drehen von Paletten im Arbeitsraum der
Stationen möglich.

Mit diesen Maßnahmen wird jedoch nicht der zeitliche Engpaß
ZBG verbessert, sondern nur die Auslastung des SBG erhöht.
Grundsätzlich muß es jedoch das Ziel sein, alle eingesetzten
Transportmittel maximal zu nutzen. Sind also dem SBG keine
zusätzlichen Funktionen zuzuordnen, ist eine Steigerung der
Leistungsfähigkeit des Engpasses ZBG durch gerätetechnische
Änderungen wie z.B. Erhöhung der Beschleunigung anzustreben.

In den obigen Ausführungen wurde der Fall untersucht, in dem eines der beiden Transportmittel den Engpaß darstellt. Wie ändert sich jedoch das Zeitverhalten eines Systems, wenn dies für beide Transportmittel zutrifft? Zur Untersuchung dieser Frage wird das System A2 im 1/1-Schichtbetrieb betrachtet. Lagert das ZBG ein Werkstück in ein Regalfach ein, wird es vom SBG übernommen und an eine Fertigungsstation transportiert. Nach der Bearbeitung wird es in dasselbe Regalfach zurückgebracht. Steht das ZBG zu diesem Zeitpunkt zur Verfügung, erfolgt die sofortige Auslagerung an den Werkstückspannplatz.

Durch die Übergabe und Übernahme der Werkstücke bzw. Paletten in den einzelnen Regalfächern beeinflussen sich beide Transportmittel im zeitlichen Verhalten. Diese Situation ist vor allem dann vorhanden, wenn die Transportmittel diesselbe Übergabe-/Übernahmefrequenz aufweisen.

Die Beeinflussung wird in Bild 6.1-5 gezeigt.

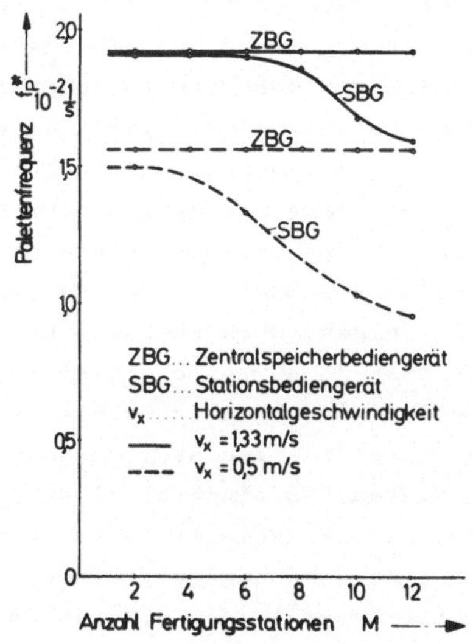

Bild 6.1-5: Palettenfrequenz bei 1/1-Schichtbetrieb und voller Stationsauslastung (Kennzeichen *)

Für Fertigungssysteme mit einer Stationenzahl $M \leq 4$ und einer
Transportgeschwindigkeit $v_x = 1,33$ m/s stellt das ZBG auf der
Regalrückseite den Engpaß dar.
Durch die relativ kurzen Transportwege und damit kleinen Transportzeiten wäre das SBG in der Lage, mehr Transporte durchzu-
führen. Die begrenzten Ein-/Auslagerungen des ZBG verhindern
jedoch eine volle Auslastung des SBG. Erst bei einer größeren
Anzahl integrierter Stationen im System wird die Palettenfre-
quenz des SBG infolge größerer Verfahrwege kleiner als die
des ZBG. Dadurch verlagert sich der zeitliche Engpaß auf die
Stationsbedienung.
Die Palettenfrequenz des ZBG ist nur abhängig von der Regalgröße und Lage der Übergabeplätze des Werkstückspannplatzes.
Eine konstante maximale Regalgröße von zehn Zeilen und dreißig
Spalten, die bei den Simulationsläufen vorausgesetzt wurde,
erscheint deshalb in der Darstellung als horizontale Gerade.

Aus dem Bild ist weiterhin zu entnehmen, daß das Leistungsvermögen des ZBG die Palettenfrequenz des SBG begrenzt, aber
nicht umgekehrt. Dies hängt mit der Transportorganisation zusammen, die das ZBG auch einlagern läßt, falls keine fertigen
Werkstücke auszulagern sind. Voraussetzung hierfür ist eine
genügend große Palettenzahl. Wäre sie jedoch sehr begrenzt,
erschiene die das ZBG charakterisierende Linie nicht mehr als
horizontale Gerade, sondern sie müßte in dem Bereich $M > 4$ der
Palettenfrequenz des SBG folgen. Ob sich beide Engpässe ge-
genseitig beeinflussen, oder ob nur eine einseitige Beeinflussung vorliegt, hängt damit von Faktoren wie verfügbare
Palettenanzahl, Transportorganisation usw. zusammen.
Neben den bisher betrachteten FFS sind vor allem Systeme von
Bedeutung, bei denen der Zentralspeicher räumlich von den
Stationen getrennt ist. Eine Trennung der beiden Bereiche ist
notwendig, wenn die Fertigungsstationen z.B. aufgrund ferti-
gungstechnischer Bedingungen oder Anforderungen des Layouts
nicht entlang eines Regals aufgestellt werden können.
Im folgenden wird die Variante A3 behandelt, in der mehrere
Stationen in einer Linie angeordnet sind und senkrecht dazu

das Regal steht. Während das Regal von einem Transportmittel mit horizontaler und vertikaler Transportachse (ZBG) bedient wird, kann die Versorgung der Stationen ...it einem Gerät erfolgen, das nur horizontal verfahrbar ist (SBG) (Bild 3-5).

Der Einsatz des Regals erlaubt einen Betrieb mit autonomen Schichten. Zur Beurteilung des zeitlichen Verhaltens wird deshalb die durchschnittliche Palettenfrequenz ausschließlich im 3/1-Schichtbetrieb betrachtet.

Die Transportaufgaben, Geräte und die Maße des Regalbereiches entsprechen der Variante A1, nur sind die Paletten anstatt zu den Stationen zu der Übergabestelle zu transportieren. Daraus läßt sich ein ähnliches Zeitverhalten beider Varianten vermuten, sofern der Regalbereich den Engpaß verkörpert. Der Zusammenhang wird an einem Beispiel erläutert.

Eine unterschiedliche Stationenzahl ändert nichts an den Abmessungen des Regals und der Lage der Übergabestelle in A3, so daß die Palettenfrequenz des ZBG unabhängig davon konstant $f_P^*=1,42 \cdot 10^{-2}$ 1/s beträgt. Diese durch Simulationsläufe ermittelte Palettenfrequenz weicht nur um rund 1,5 % von der entsprechenden Frequenz $f_P^*=1,4 \cdot$ $^{-2}$ 1/s der Variante A1 mit sechs Fertigungsstationen ab (Bild 6.1-2).

Da aufgrund des ähnlichen Zeitverhaltens auch die für A1 e · mittelten Ergebnisse wie Werkstückzeit t_{WS}^*, Werkstückausstoß Z_{WS}, Regalgröße Z_R usw. übertragen werden dürfen, soll nur noch festgestellt werden, unter welchen Bedingungen sich der Engpaß vom ZBG auf das SBG verlagert. Hierbei spielt die Anzahl der Fertigungsstufen eine wesentliche Rolle. Deshalb erfolgt eine vertiefte Betrachtung dieses Falles in Kap. 6.4.

6.1.2 Stations- und Transportmittelauslastung

Die Auslastung der Stationen wurde bisher anhand des Verhältnisses möglicher zu notwendiger Palettenfrequenz abgeleitet. Dies erlaubt jedoch keine differenzierte Betrachtung der einzelnen Stationen. Außerdem erhält man keine Angaben über die Transportmittelauslastung. Beide Größen werden deshalb im folgenden untersucht. Prinzipiell sollte bei unterlasteten

Stationen, verursacht durch zu kleine Werkstückzeiten, das
Transportmittel nie stillstehen, da ja immer genügend Anforderungen der Stationen vorliegen. Ob dies erreichbar ist,
werden die Untersuchungen ebenfalls zeigen.

6.1.2.1 Prioritätssteuerung

Die Stationsauslastung wird außer vom Transportmittel mit
seiner begrenzten Leistungsfähigkeit auch von der Prioritätssteuerung, die die Belegung der Stationen steuert, beeinflußt. Bild 6.1-6 zeigt eine hohe Belegungspriorität der
Stationen mit niedriger Nummer.

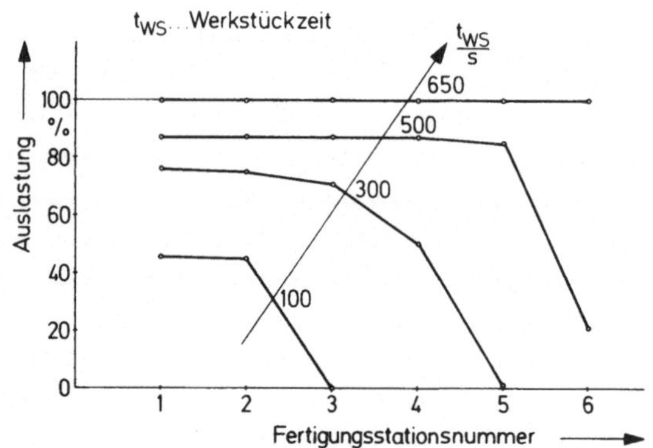

<u>Bild 6.1-6:</u> Auslastung der einzelnen Fertigungsstationen
in der Bedienschicht für eine Horizontalgeschwindigkeit des Transportmittels von $v_x = 1,33$ m/s

Sind die Werkstückzeiten $t_{WS} \leqq 100$ s, werden im 1/1-Schichtbe-
trieb nur die zwei Stationen mit der niedrigsten Nummer bedient. Steigt t_{WS} über 650 s an, ist die Auslastung aller
sechs Stationen gewährleistet.
Da in jedem untersuchten System die Stationen prioritätsgesteuert sind, weist jedes auch dasselbe prinzipielle Verhalten auf, so daß das Ergebnis generell zutrifft.

Die Eigenschaft der Prioritätssteuerung, bestimmte Stationen bevorzugt zu bedienen, kann für die Anordnung der Stationen vorteilhaft genutzt werden. Werden die Transportwege mit steigender Stationsnummer größer, wobei die Station mit der niedrigsten Nummer die höchste Priorität besitzt, so wird der Unterlastung der Stationen entgegengewirkt. Mit geringerer Auslastung von Stationen niedrigerer Priorität entfallen auch lange Transportwege, was sich auf die Palettenfrequenz positiv auswirkt. Dieser Zusammenhang wird durch die Steigung der Auslastungslinien (Kap. 6.1.1) sichtbar gemacht. Je größer nämlich die Wegersparnis ist, desto enger schmiegen sich die Linien an die hyperbelförmige Grenzkurve an.

6.1.2.2 Mittlere Stations- und Transportmittelauslastung

Die Auslastung der einzelnen Stationen kann durch eine mittlere Auslastung aller Stationen beschrieben werden (Bild 6.1-7).

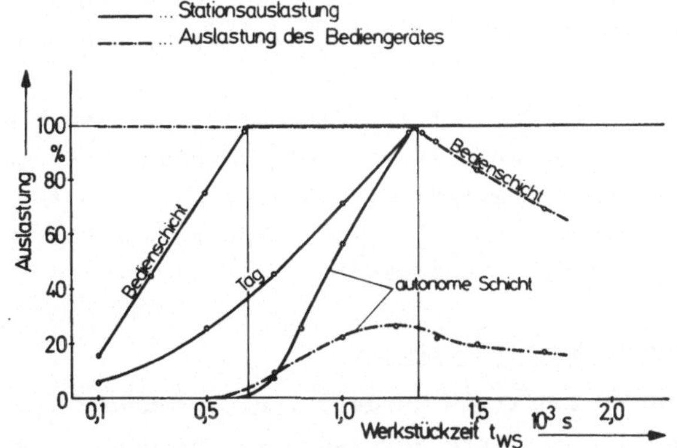

<u>Bild 6.1-7</u>: Auslastung in Bedien- und autonomer Schicht für eine Horizontalgeschwindigkeit von $v_x = 1,33$ m/s und sechs Fertigungsstationen

Sie läßt sich auch, falls der 3/1-Schichtbetrieb betrachtet wird, zu einer mittleren Auslastung je Tag zusammenfassen. Die Organisation des Werkstückflusses strebt zunächst die volle Auslastung aller Stationen in der Bedienschicht an, bevor eine Station in einer autonomen Schicht bedient wird. Diese Strategie ist möglich, wenn jedes eingelagerte Werkstück, das für autonome Schichten vorgesehen ist, bei Engpaßsituationen auch in der Bedienschicht bearbeitet werden darf. Damit entspricht die Stationsauslastung in der Bedienschicht eines 3/1-Schichtbetriebes dem 1/1-Schichtbetrieb.

Zur vollen Auslastung der Stationen in der Bedienschicht sind Werkstückzeiten $t_{WS}^{*} \geqq 650$ s notwendig. Sie müssen auf $t_{WS}^{*} = 1300$ s ansteigen, wenn die Stationen auch in den autonomen Schichten ganz ausgelastet werden sollen. Die genannten Werte wurden für das System A1 ermittelt.

Da die entsprechende Werkstückanzahl in der Bedienschicht ein-/auszulagern ist, beträgt die Auslastung des RBG in der Bedienschicht bis zu dieser Werkstückzeit 100 %. Die Auslastung reduziert sich mit weiter steigenden Werkstückzeiten, so daß das Transportmittel dann keinen zeitlichen Engpaß mehr darstellt.

Im Gegensatz zur Bedienschicht ist die Auslastung des RBG in den autonomen Schichten infolge der entfallenden Ein- und Auslagerungen wesentlich geringer. Sie liegt immer unter 30 %. Eine Möglichkeit, diese Leistungsreserve des RBG zu nutzen, wird in Kap. 6.3.2 untersucht.

6.1.3 Stochastische Werkstückzeiten

In den bisherigen Abschnitten wurde zur Untersuchung des Zeitverhaltens immer die mittlere Werkstückzeit verwendet. Die Analyse von Werkstückspektren ergab jedoch eine Streuung der Werkstückzeiten um einen Mittelwert, deren Einfluß im folgenden untersucht wird.

In der Simulation werden stochastische Werkstückzeiten erzeugt, indem eine Verteilungsfunktion $F(X)$ mit einer vorgegebenen Werkstückzeit t_{WS} multipliziert wird [48].

In Bild 6.1-8 sind mehrere Funktionen dargestellt. Neben der Verteilung mit der Varianz $\sigma^2=0$, die nicht streuende Werkstückzeiten charakterisiert und eine senkrechte Gerade an der Stelle $\mu=1,0$ bildet, sind eine Normalverteilung und eine "Stufenverteilung" eingetragen. Der Faktor μ ist der Mittelwert der Zufallsvariablen.

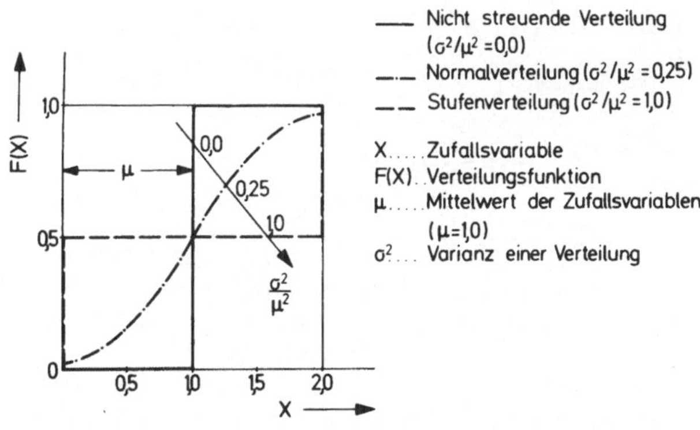

<u>Bild 6.1-8</u>: Verteilungsfunktion

Die Normalverteilung hat die Varianz von $\sigma^2=0,25$. Damit streuen die Werkstückzeiten um den Mittelwert $\bar{t}_{WS}=\mu \cdot t_{WS}$ und liegen zu 95 % zwischen Null und $2 \cdot \bar{t}_{WS}$.
Bei der Stufenverteilung ist die Varianz $\sigma^2 = \mu^2 = 1,0$. Dies bedeutet, daß zwei Werkstücklose mit zwei verschiedenen Werkstückzeiten in beliebiger Reihenfolge hintereinander zu bearbeiten sind, was die extremste Anforderung an das Transportmittel stellt. Die eine Werkstückzeit hat den Betrag Null, während die zweite Werkstückzeit $2 \cdot \bar{t}_{WS}$ beträgt.
Wie Bild 6.1-9 zeigt, haben stochastische Werkstückzeiten in allen drei Schichten nur eine vernachlässigbar geringe Auswirkung auf die Stationsauslastung bzw. Palettenfrequenz der Variante A1. Bei Systemen mit einem Pufferplatz je Station

und untergeordneten stochastischen Prozessen - die Stochastik geht hier nur bei der Bedienung der Stationen ein -
darf also mit nicht streuenden Werkstückzeiten (σ^2=0) ge-
rechnet werden.

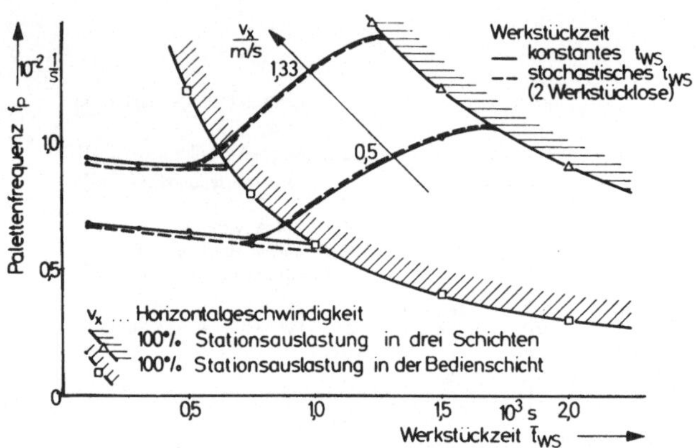

Bild 6.1-9: Einfluß stochastischer Werkstückzeiten
auf die Stationsauslastung

In A2 hat das Stationsbediengerät (SBG) keine Ein- und Auslagerungen durchzuführen. Dadurch werden die Anforderungen
an das SBG durch das Anrufverhalten der Stationen besonders
geprägt. Trotzdem verursachen stochastische Werkstückzeiten
bei einstufiger Fertigung und 1/1-Schicht keine Änderung des
Zeitverhaltens des SBG. Diese Tatsache läßt sich auf das
Verhalten des Zentralspeicherbediengerätes (ZBG) zurückführen, das unabhängig von den Stationen auf der Regalrückseite
arbeitet und als Engpaß den Einfluß der Stochastik auf das
SBG überdeckt.
Stochastische Werkstückzeiten wirken sich nur bei mehrstufiger Fertigung auf das Zeitverhalten aus, wenn das SBG den
Engpaß verkörpert.

Die stochastisch verteilten Anforderungen verursachen dann
eine Reduzierung der Palettenfrequenz f_P (Bild 6.1-10).
Für v_x=1,33 m/s und mittlere Werkstückzeiten von $\bar{t}_{WS}$=300 s
beträgt diese Verringerung 5 % bei der Gaußverteilung und
10 % bei der Stufenverteilung.

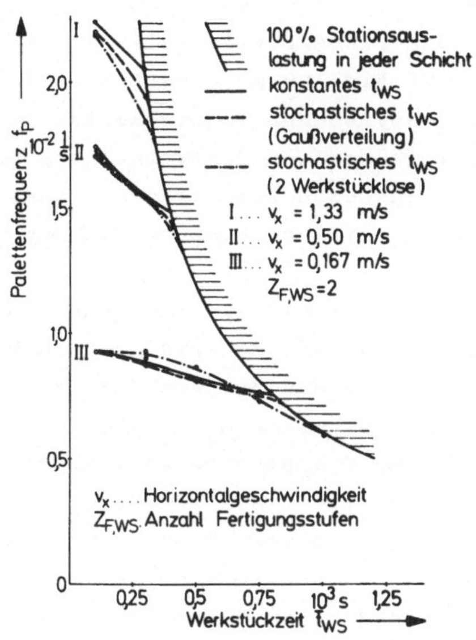

<u>Bild 6.1-10</u>: Palettenfrequenz bei zweistufiger Fertigung

Mit zunehmender Varianz der Werkstückzeiten verkleinert sich
damit die Palettenfrequenz f_P und die Auslastung der Stationen. Da die Stufenverteilung mit σ^2/μ^2=1,0 einen Extrem-
fall darstellt, kann keine andere Verteilung einen größeren
Einfluß auf das Zeitverhalten ausüben. Dies gilt auch für
die in Kap. 2.3 angegebene negativ exponentielle Verteilungsfunktion, die durch die Analyse von Werkstückspektren
ermittelt wurde. Sie verursacht eine geringere Reduzierung
der Palettenfrequenz als die Stufenverteilung und ist deshalb in den Ergebnissen berücksichtigt.

Stochastische Werkstückzeiten beeinflussen folglich nur das
Zeitverhalten, wenn das SBG den Engpaß darstellt und die
Stationsbedienung die einzige Transportaufgabe dieses Trans-
portmittels ist. Diese Aussage darf auf die Systeme A3 und
B1 übertragen werden.

6.2 Optimierung des Transportmittels

Während im Kap. 6.1 das prinzipielle Zeitverhalten verschiedener Systeme sowie der Einfluß stochastischer Werkstückzeiten betrachtet wurde, sollen nun Möglichkeiten aufgezeigt
werden, die eine Optimierung des Zeitverhaltens bewirken.
Hierbei ist der Blick insbesondere auf das Transportmittel
zu richten, das eine wesentliche Komponente des Werkstückflusses ist.
Die Optimierung des Transportmittels muß unter Berücksichtigung der Gegebenheiten des Systems erfolgen. Insbesondere sind
die Länge der Transportwege und die Art der Transportmittel
von Bedeutung. Optimierungsaufgaben bestehen vor allem in der
Suche nach der geeigneten Transportgeschwindigkeit und Beschleunigung. Sind Transportmittel eingesetzt, die in horizontaler und vertikaler Achse verfahren, ist auch eine gegenseitige Abstimmung der Geschwindigkeiten und Beschleunigungen der beiden Achsen durchzuführen. Die entsprechenden
Beziehungen werden anschließend abgeleitet.

6.2.1 Geschwindigkeits- und Beschleunigungsverhältnis

In Untersuchungen über die Eigenschaften von Regalbediengeräten, die ausschließlich Hochregallager bedienen, wird die
Abhängigkeit des Leistungsvermögens von der Geschwindigkeit
beschrieben [45]. Es wird davon ausgegangen, daß die Antriebe des Bediengerätes optimal ausgelegt sind, wenn das
Verhältnis der Horizontalgeschwindigkeit v_x zur Vertikalge-
schwindigkeit v_y denselben Betrag aufweist wie die Hochre-
gallagerlänge L_R zur Hochregallagerhöhe H_R ($v_x/v_y = L_R/H_R$).
Dies gilt, wenn die Übergabestelle (Kopfstation) in einem
Eck des Regals angeordnet ist und jedes Regalfach gleich oft

angefahren wird.

In FFS sind aber nicht nur das Regal, sondern auch die Fertigungsstationen zu bedienen, so daß die Regalmaße zur Optimierung des Geschwindigkeitsverhältnisses nicht mehr ausreichen. Es werden deshalb neue Größen ermittelt, die diese zusätzliche Transportaufgabe berücksichtigen.

Zur Definition der neuen Optimiergrößen werden unter denselben Voraussetzungen die insgesamt zurückgelegten Transportwege s_x und s_y unter Berücksichtigung der kritischen Transporte in den beiden Achsen x und y ermittelt.

Kritischer Transport z.B. in der x-Achse bedeutet, daß das Regalbediengerät die Position horizontal später erreicht als vertikal. Das ist möglich, weil beide Antriebe mit voller Leistung fahren.

Durch mehrere Simulationsläufe wurde die jeweilige Anzahl kritischer Transporte errechnet. Trägt man das entsprechende Verhältnis der Anzahl kritischer Transporte in x- und y-Achse $Z_{k,x}/Z_{k,y}$ über dem Geschwindigkeitsverhältnis v_x/v_y ab, ergibt sich bei den Regalabmessungen der Pilotanlage (sechs Regalzeilen, achtzehn Regalspalten) mit einem größer werdenden v_x/v_y ein kleineres $Z_{k,x}/Z_{k,y}$ (Bild 6.2-1).

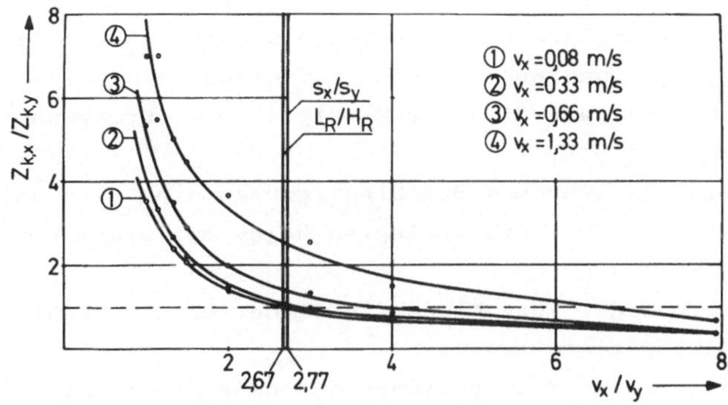

Bild 6.2-1: Optimiertes Geschwindigkeitsverhältnis

Bei dem Ordinatenwert von 1,0 wird in beiden Achsen gleich
oft kritisch verfahren. Der Wert stellt deshalb das Optimum
dar. Das Geschwindigkeitsverhältnis an dieser Stelle wird
ebenso als optimal definiert.

Da die Beschleunigung (die Werte sind in Bild 6.1-2 angegeben) die Lage des Optimums beeinflußt, wurden die Geschwindigkeitswerte variiert. Hohe Geschwindigkeiten wie v_x=1,33 m/s
bewirken aufgrund von $\bar{a}_y > \bar{a}_x$ ein Optimum bei einem hohen
Abszissenwert v_x/v_y. Für sehr kleine Geschwindigkeiten
(v_x=0,083 m/s) nähert sich das optimale Verhältnis durch die
vernachlässigbaren Beschleunigungs- und Bremszeiten dem Verhältnis s_x/s_y. Weil für diese Untersuchungen nur im Regalbereich verfahren wurde, entspricht es zugleich dem der Regalmaße (s_x/s_y=L_R/H_R). Auftretende Abweichungen lassen sich auf
die entsprechend Bild 4-5 angeordneten Übergabefächer zurückführen.

Damit ist der Zusammenhang zwischen den Optimiergrößen des
FFS und des Hochregals hergestellt.

Außer den Geschwindigkeiten sind auch die Beschleunigungen
[45] der beiden RBG-Achsen zu optimieren, was infolge der kurzen Transportwege in FFS (Kap. 5.1) als noch wichtiger erscheint.

Zur Optimierung der Beschleunigungen wird die maximale Geschwindigkeit so gewählt, daß nur noch dreiecksförmige Ge-
schwindigkeitsverläufe auftreten, die ausschließlich einen
Beschleunigungs- und Bremsbereich aufweisen.

Das Optimum wird, wie Bild 6.2-2 zeigt, erreicht, wenn
$\bar{a}_x/\bar{a}_y$=s_x/s_y beträgt.

Die Geschwindigkeiten und Beschleunigungen sind also unter
Berücksichtigung des zurückgelegten Weges optimiert bei
v_x/v_y=$\bar{a}_x/\bar{a}_y$=s_x/s_y.

Dies sollte bei der Auswahl der Antriebe für ein Regalbediengerät berücksichtigt werden.

Werden die gesamten Transportwege s_x und s_y durch die Anzahl
der ausgeführten Transporte dividiert, ergibt sich ein mittlerer Weg, der nicht nur durch Simulation, sondern auch auf-

grund einfacher analytisch mathematischer Gleichungen
(Kapl 5.1) errechnet werden kann ($\bar{s}_x/\bar{s}_y = s_x/s_y$).

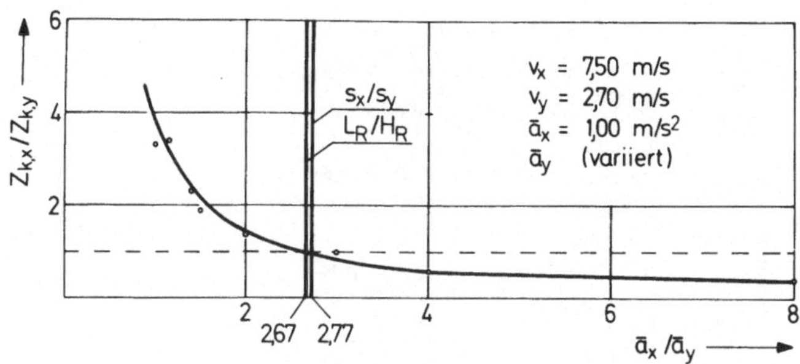

__Bild 6.2-2:__ Optimiertes Beschleunigungsverhältnis

6.2.2 Transportgeschwindigkeit

Während der Hersteller von Regalbediengeräten die Beschleu-
nigungs- und Bremswerte oft als Gerätekonstante vorgibt, sind
vom Anwender hingegen die Horizontal-, Vertikal- und Gabelaus-
fahrgeschwindigkeit frei wählbar [45].
Unter Berücksichtigung der Gegebenheiten der Pilotanlage
werden geeignete Geschwindigkeitswerte durch Simulation ermittelt [46]. Hierzu werden zunächst einige Grundlagen erarbeitet.
Das Geschwindigkeitsverhältnis des Regalbediengerätes beträgt
v_x/v_y=2,35 (Kap. 4.2.2). Es wird in allen Untersuchungen konstant gehalten. Die Gabelspielzeit t_G wird wie die Beschleuni-
gungswerte in horizontaler und vertikaler Richtung ($\bar{a}_x$ und $\bar{a}_y$)
als unveränderlicher Parameter von der Pilotanlage übernommen.
Die Werte sind in Bild 6.1-2 angeführt.
Aufbauend auf diesen Grundlagen wird der Einfluß der Transportgeschwindigkeit untersucht.

Er ist für sechs Fertigungsstationen im Bild 6.2-3 charakterisiert.

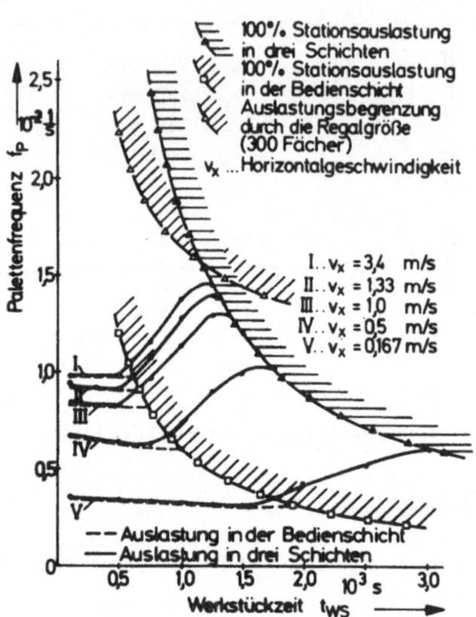

Bild 6.2-3: Palettenfrequenz bei verschiedenen
Geschwindigkeiten [46]

Das Leistungsvermögen des Transportmittels steigt mit zunehmender Horizontalgeschwindigkeit bei konstantem Verhältnis
v_x/v_y an. Ab einer Geschwindigkeit von v_x=1,33 m/s ist jedoch
nur noch ein geringer Zuwachs der Palettenfrequenz zu verzeichnen, d.h. hier wird die Endgeschwindigkeit v_x durch die beschränkten Transportwege nur noch selten erreicht. Aufgrund
dieser Tatsache ist die maximale Horizontalgeschwindigkeit
mit v_x=1,33 m/s anzustreben. Höhere Geschwindigkeiten sind
aus demselben Grund nur anzustreben, wenn gleichzeitig die Be-
schleunigungs- und Bremswerte erhöht werden, oder wenn längere
Strecken zu fahren sind.

Durch Bild 6.2-4, in dem die Schnittpunkte von Auslastungs-
und Grenzlinien im 3/1-Schichtbetrieb in Abhängigkeit von
v_x und t^*_{WS} abgetragen sind, wird der Sachverhalt verdeut-
licht.

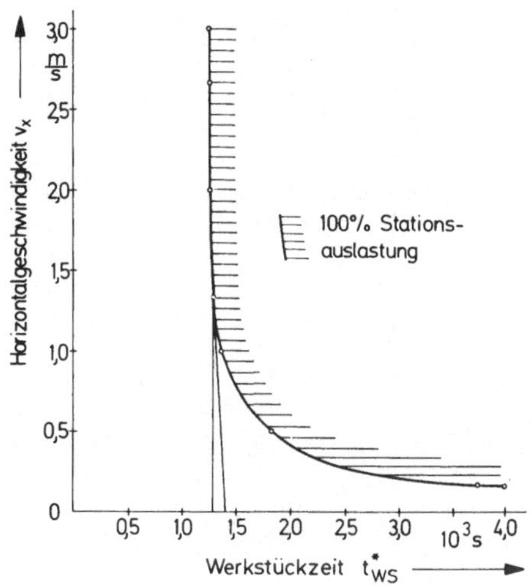

Bild 6.2-4: Maximale Transportgeschwindigkeit

Die Geschwindigkeitserhöhung bis $v_x=1{,}33$ m/s ermöglicht eine
starke Reduzierung der Werkstückzeit t^*_{WS}, d.h. durch die erzielte Leistungssteigerung können Werkstückspektren mit wesentlich kleineren Werkstückzeiten gefertigt werden. Ab dieser Stelle geht der Kurvenzug bald in eine Senkrechte über,
die die absolute Grenze der Leistungsfähigkeit des Systems
verkörpert. Die Lage des Optimums läßt sich zeichnerisch anhand der Kurve festlegen. Die Steigung beträgt an der Stelle
$v_x=1{,}33$ m/s etwa 0,01 m/s^2. Werden die Systemmaße verändert,
so erhält die optimale Geschwindigkeit bei weiterhin konstant gehaltenen Beschleunigungswerten ebenfalls einen anderen
Wert. Zur Darstellung des Zusammenhangs wird der Einfluß der

Regalmaße bei konstanter Fachanzahl und $H_R/L_R=2,67$ untersucht
(Bild 6.2-5).

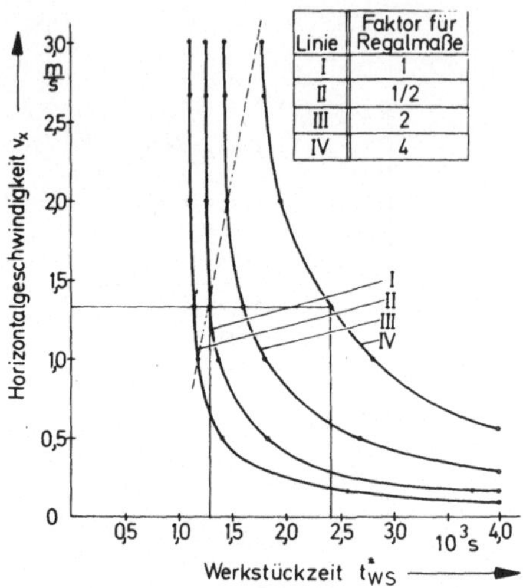

Linie	Faktor für Regalmaße
I	1
II	1/2
III	2
IV	4

Bild 6.2-5: Variation der Regalmaße

Die Kurvenäste, die die volle Stationsauslastung charakterisieren, verlagern sich nach rechts, wenn die Regalmaße
vergrößert werden. Eine volle Stationsauslastung ist dadurch
bei konstanter Geschwindigkeit nur mit größeren Werkstückzeiten möglich. Sie beträgt für $v_x=1,33$ m/s und vierfachen Regalmaßen $t^*_{WS}=2425$ s anstatt 1300 s.
Es bietet sich an, bei größeren Regalmaßen höhere Transportgeschwindigkeiten zu wählen. Sie lassen sich anhand der
Schnittpunkte der Kurvenäste mit der eingezeichneten gestri-
chelten Linie, die sich an der Kurvensteigung orientieren,
ablesen. Die Variation der Stationsabstände führt zu ähnlichen Kurven wie die der Regalmaße. Ihr Einfluß ist jedoch
infolge der im 3/1-Schichtbetrieb relativ kleinen Zahl von
Stationsbedienungen geringer.
Auf der Basis der ermittelten Geschwindigkeitswerte lassen

sich die notwendigen Motordrehzahlen berechnen, die neben
den Momenten und der Regelbarkeit maßgebend für die Antriebe des Transportmittels sind.

6.3 Verbesserung der Transportmittelauslastung

Neben der Optimierung von Geschwindigkeit und Beschleunigung
stellt sich die Frage nach der maximalen zeitlichen Nutzung der
Transportmittel. Es hat sich gezeigt, daß vor allem im Mehr-
schichtbetrieb Nutzungsreserven auftreten, die bislang noch
nicht ausgeschöpft werden konnten. Speziell darf an das System
A1 erinnert werden, das in den zwei autonomen Schichten des 3/1-
Schichtbetriebes eine Transportmittelauslastung von höch-
stens 30 % aufweist (Kap. 6.1.2.1), oder das System A2, das
das SBG in allen Schichten nur zu etwa 34 % auslastet (Kap.
6.1.1.2).
Zur Steigerung der Transportmittelnutzung bei bleibender Stationsauslastung kommen vor allem zwei Maßnahmen in Betracht:
die Übernahme zusätzlicher Funktionen und Aufgaben durch das
Transportmittel und eine geeignete Organisation der Werkstücklose. Die Durchführung einer Maßnahme muß jedoch gewährleisten, daß nur die in den angegebenen Schichten unterlasteten Transportmittel stärker genutzt werden.
Eine zusätzliche Funktion für das Transportmittel liegt vor,
wenn es das Drehen der auf mehreren Seiten zu bearbeitenden
Werkstücke übernimmt. Eine weitere Aufgabe, die aber von der
Art der Stationen abhängt, stellt die mehrstufige Fertigung
dar (Kap. 6.4). Da das Drehen der Paletten und die mehrstufige Fertigung, die auf das Zeitverhalten ähnlichen Einfluß
haben, in allen Schichten auszuführen sind, erscheinen beide
Methoden zur Auslastungsverbesserung des Systems A2 geeignet.
Sie werden anschließend näher betrachtet.

6.3.1 Transportmittel mit zusätzlichen Funktionen und Aufgaben

6.3.1.1 Änderung des Zeitverhaltens

Das Drehen der Paletten im Arbeitsraum der Fertigungsstationen ist die Grundlage für die mehrseitige Werkstückbearbeitung. Bearbeitungszentren bewerkstelligen dies mit einem numerisch verstellbaren Rundtisch oder einem Schalttisch, der bestimmte Schaltstellungen zuläßt.

Wird das Drehen der Paletten dem Stationsbediengerät (SBG) übertragen, können sämtliche Schalttische der Fertigungsstationen und damit Kosten gespart werden. Es sind jedoch diejenigen des RBG in Rechnung zu stellen. Zur Beurteilung dieser Lösung ist die Kenntnis des Zeitverhaltens des SBG erforderlich.

Die Untersuchungen setzen voraus, daß jedes Werkstück auf vier Seiten bearbeitet werden soll ($Z_{DR}=4$) und aufgrund der Identifizierung in dieselbe Ausgangslage gebracht werden muß. Damit sind je Werkstück zusätzlich drei Einzelspiele zu den entsprechenden Stationen durchzuführen, deren Abschluß jeweils eine 90 Grad-Drehung des Werkstückes bildet.

Die vierte Drehung erfolgt während des Rücktransportes des fertig bearbeiteten Werkstückes. Für jeden Drehvorgang ist außer der Gabelspielzeit t_G eine Drehzeit $t_{DR}=5$ s eingeplant.

Die zusätzliche Transportaufgabe der Palettendrehung bewirkt eine Reduzierung der Palettenfrequenz des SBG. Sie beträgt für $v_x=1,33$ m/s und $t_{WS}=100$ s nur noch etwa $f_P=0,96 \cdot 10^{-2}$ 1/s (Bild 6.3-1).

Die Auslastungslinie fällt mit wachsendem t_{WS} und nähert sich ab 500 s langsam der Grenzlinie. Der Grund für die langsame Annäherung liegt darin, daß jede Station nach der Bearbeitung einer Werkstückseite solange wartet, bis die nächste 90 Grad-Drehung erfolgt ist. Diese Eigenschaft verursacht eine Auflösung der Werkstückpufferung und macht die Auslastung der Stationen direkt von der momentanen zeitlichen Verfügbarkeit des SBG abhängig. Die direkte Abhängigkeit vom SBG bedeutet Wartezeiten für die Stationen, die bei jedem "Drehspiel" auftreten. Der Einfluß der Wartezeiten wird kleiner mit wachsender Werkstückzeit, wenn die Drehspiele seltener werden.

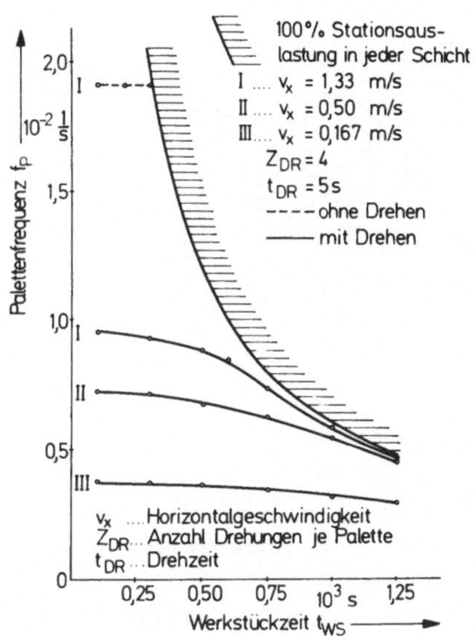

Bild 6.3-1: Drehen der Paletten durch das Transportmittel

Sind weniger als vier Werkstückseiten zu bearbeiten, so ändert sich die Charakteristik der Auslastungslinien kaum, allerdings verschieben sie sich in Richtung höherer Ordinatenwerte.
Die Entscheidung, welche Aufgaben vom SBG zusätzlich übernommen werden können, ohne das Zeitverhalten des gesamten Systems zu beeinträchtigen, wird durch die Untersuchungen des folgenden Abschnittes ermöglicht.

6.3.1.2 Abgrenzung der Transportaufgaben

Die zusätzlichen Aufgaben des SBG, bedingt durch mehrstufige und mehrseitige Bearbeitung, können dazu führen, daß im 3/1-Schichtbetrieb nicht mehr das ZBG, sondern das SBG den

Engpaß darstellt. An welchen Stellen dies eintrifft, wird
für die mehrstufige Bearbeitung in Bild 6.3-2 gezeigt.

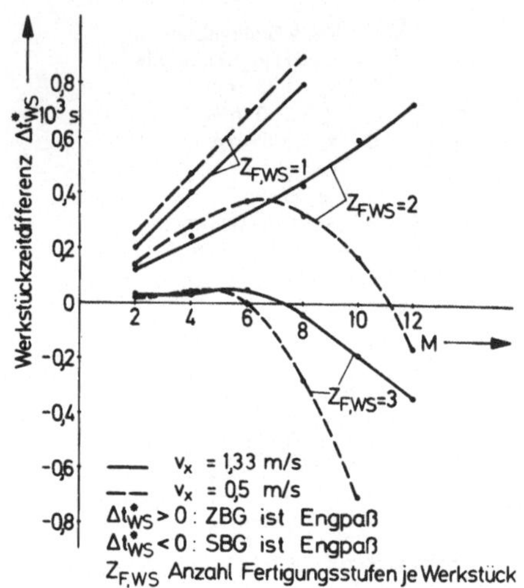

<u>Bild 6.3-2</u>: Systemengpässe bei mehrstufiger Fertigung

In Abhängigkeit von der Stationenzahl M ist die Differenz
der Werkstückzeiten Δt^{*}_{WS} abgetragen. Sie wird gebildet, indem von der Werkstückzeit, bei der das ZBG eine volle Auslastung der Stationen in den drei Schichten gewährleistet, die
Werkstückzeit, die das SBG ermöglicht, subtrahiert wird.

Bei einstufiger Fertigung mit sechs Stationen und $v_x=1,33$ m/s
entsteht ein $\Delta t^{*}_{WS}=925$ s - 310 s=615 s.
Die positive Differenz charakterisiert das ZBG als Engpaßstelle. Eine Tendenzwende ist bei dreistufiger Fertigung zu erkennen: Sind weniger als sieben Fertigungsstationen eingesetzt,
ist die Differenz sehr klein und bedeutet eine etwa gleiche Be-
lastung der Transportmittel. Sind mehr als sieben Stationen im
System integriert, verlagert sich der Engpaß auf das SBG. Daraus
resultiert eine Beeinträchtigung des gesamten Systems.
Kleinere Transportgeschwindigkeiten z.B. $v_x=0,5$ m/s verschieben den Engpaß in Richtung SBG. Er tritt dann schon ein, wenn

eine zweistufige Fertigung vorliegt und $M \geq 12$ beträgt.

6.3.2 Fertigung mehrerer Werkstücklose

Die im folgenden beschriebene Maßnahme bietet die Möglichkeit,
Transportmittel, die in den autonomen Schichten kaum genutzt
sind (System A1), besser auszulasten. Grundlage hierfür ist
eine geeignete Organisation der Werkstücklose, die so erfolgt,
daß in der Bedienschicht eine andere mittlere Werkstückzeit
($t_{WS,BED}$) als in den autonomen Schichten ($t_{WS,AUT}$) besteht.
Das Verhältnis wird mit dem Faktor $K_{BED} = t_{WS,BED} / t_{WS,AUT}$ bezeichnet.
Bild 6.3-3 zeigt die Auslastungs- und Grenzlinien verschie-

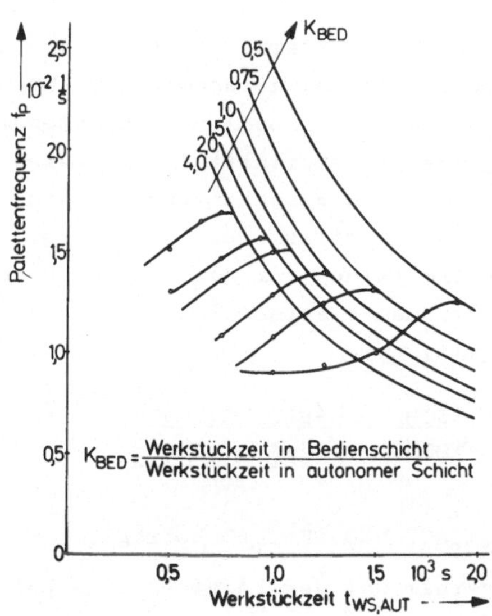

Bild 6.3-3: Stationsauslastung in Abhängigkeit von K_{BED}

dener Faktorwerte im 3/1-Schichtbetrieb. Werden in der Bedienschicht die Werkstückzeiten vergrößert ($K_{BED} > 1{,}0$), reduziert

sich die Anzahl der Transporte für die Bedienschicht, während
die notwendigen Ein-/Auslagerungen für die autonomen Schichten gleich bleiben. Damit rücken die Hyperbeläste, die die
100 % Auslastung aller sechs Stationen kennzeichnen, in Richtung des Koordinatenursprungs. Weiterhin wird durch diesen
Vorgang die Transportanzahl zu den Stationen in der Bedienschicht verringert. Die freiwerdende Transportkapazität wird
für zusätzliche Ein-/Auslagerungen verwendet und führt zu
einer Anhebung der Palettenfrequenz f_P bei gleicher Werkstückzeit $t_{WS,AUT}$.
Beide Einflüsse ermöglichen eine höhere Auslastung des Transportmittels in den autonomen Schichten bei voller Stationsauslastung. Sie kann noch gesteigert werden, wenn die Anzahl
der Bedienschichten erhöht, bzw. die autonomen Schichten verringert werden.
Die Ausführungen lassen eine starke gegenseitige Abhängigkeit der drei Parameter, Anzahl autonomer Schichten Z_{AUT},
Verhältnis der Werkstückzeit in Bedien- und autonomer Schicht
K_{BED} und Auslastung des Transportmittels in Bedien- und autonomer Schicht, erkennen. Die Wechselwirkungen sind durch weitere Untersuchungen zu quantifizieren. Ausgangspunkt ist dabei die analytische Ermittlung der notwendigen Doppelspiele
$Z_{T,BED}$ und 100 % Stationsauslastung.
In der Bedienzeit gilt:

$$Z_{T,BED} = \frac{Z_{BED} \cdot M \cdot t_{SCH}}{t_{WS,AUT} \cdot K_{BED}} + \frac{Z_{BED} \cdot M \cdot t_{SCH}}{\frac{t_{WS,AUT} \cdot K_{BED}}{Z_{F,WS}}} + \frac{Z_{AUT} \cdot M \cdot t_{SCH}}{t_{WS,AUT}} \qquad (6.3/1)$$

wobei $t_{SCH} \neq 0$, $t_{WS,AUT} \neq 0$, $M \neq 0$, $Z_{AUT} \neq 0$ beträgt.

Der erste Gleichungsteil auf der rechten Seite beinhaltet
die Ein-/Auslagerungen und der zweite die Stationsbedienungen
für die Bedienschicht, während der dritte Gleichungsteil die
Ein-/Auslagerungen für die autonomen Schichten angibt.

Die Anzahl der Doppelspiele in den autonomen Schichten ergibt sich aus:

$$Z_{T,AUT} = \dfrac{Z_{AUT} \cdot M \cdot t_{SCH}}{\dfrac{t_{WS,AUT}}{Z_{F,WS}}} \qquad (6.3/2)$$

Die Nutzungszeit des RBG wird errechnet, indem die mittlere
Doppelspielzeit für die Ein-/Auslagerung $t_E + t_A$ und die Sta-
tionsbedienung t_M eingesetzt werden.
In der Bedienzeit gilt:

$$T_{T,BED} = \dfrac{Z_{BED} \cdot M \cdot t_{SCH}}{t_{WS,AUT} \cdot K_{BED}}(t_E + t_A) + \dfrac{\dfrac{Z_{BED} \cdot M \cdot t_{SCH}}{t_{WS,AUT} \cdot K_{BED}}}{Z_{F,WS}} \cdot t_M + \dfrac{Z_{AUT} \cdot M \cdot t_{SCH}}{t_{WS,AUT}}(t_E + t_A) \qquad (6.3/3)$$

Für die autonomen Schichten entsteht:

$$T_{T,AUT} = \dfrac{Z_{AUT} \cdot M \cdot t_{SCH}}{\dfrac{t_{WS,AUT}}{Z_{F,WS}}} \cdot t_M \qquad (6.3/4)$$

Zur Ermittlung der zeitlichen Auslastung des RBG in Bedien-
und autonomer Schicht wird die jeweilige Nutzungsdauer auf
den Zeitraum bezogen, in dem sie anfällt.
Soll außerdem das RBG in der Bedienschicht stärker oder gleich
belastet sein, verglichen mit der autonomen Schicht, gilt:

$$\dfrac{T_{T,BED}}{Z_{BED} \cdot t_{SCH}} \gtreqless \dfrac{T_{T,AUT}}{Z_{AUT} \cdot t_{SCH}} \qquad (6.3/5)$$

Durch Einsetzen der Gleichungen 6.3/3 und 6.3/4 in die Gleichung 6.3/5 erhält man nach einigen Umformungen:

$$K_{BED} \gtreqless \dfrac{(t_E + t_A) + Z_{F,WS} \cdot t_M}{Z_{F,WS} \cdot t_M - \dfrac{Z_{AUT}}{Z_{BED}} \cdot (t_E + t_A)} \qquad (6.3/6)$$

In Gleichung 6.3/6 ist die mittlere Ein-/Auslagerungszeit und die Doppelspielzeit zu den Stationen enthalten. Sie sind aufgrund der gegebenen Systemabmessungen annähernd gleich. Die Division mit der Doppelspielzeit ergibt bei einstufiger Fertigung:

$$K_{BED} \cong \frac{2\left(1 - \frac{Z_{AUT}}{Z_{SCH}}\right)}{1 - 2\frac{Z_{AUT}}{Z_{SCH}}} \qquad \text{bei} \quad Z_{BED} = Z_{SCH} - Z_{AUT} \qquad (6.3/7)$$

Eine gleiche Auslastung des RBG in Bedien- und autonomer Schicht ist damit nur abhängig von der Anzahl Schichten je Tag Z_{SCH}, Anzahl autonomer Schichten Z_{AUT} und von K_{BED}. Die Schichtdauer t_{SCH}, Anzahl der Fertigungsstationen M und die Werkstückzeit t_{WS} spielen keine Rolle. Das Ergebnis von Gleichung 6.3/7 gilt unter der erwähnten vereinfachenden Voraussetzung, daß für alle Doppelspiele dieselbe Transportzeit benötigt wird.

Bild 6.3-4 zeigt den Faktor K_{BED} in Abhängigkeit von Z_{AUT} und Z_{SCH}.

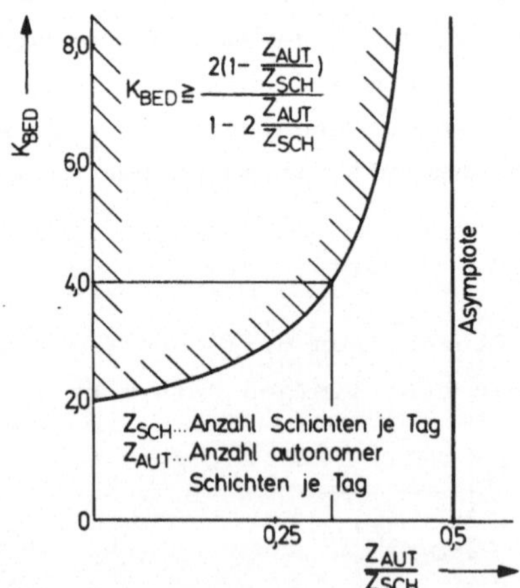

Bild 6.3-4: Abhängigkeit des Faktors K_{BED} von der Anzahl autonomer Schichten

An der Stelle $Z_{AUT}/Z_{SCH}=1/2$ ist ein Pol vorhanden. Um in allen Schichten eine volle Auslastung zu erreichen, muß deshalb $Z_{AUT}/Z_{SCH}<1/2$ sein bzw. die Anzahl der Bedienschichten muß größer als die Anzahl der autonomen Schichten sein.

Für den Fall von zwei Bedienschichten je Tag $(Z_{BED}=2,0)$ und einer autonomen Schicht $(Z_{AUT}=1,0)$ bzw. $Z_{AUT}/Z_{SCH}=1/3$ wird die Auslastung des RBG bei verschiedenem K_{BED} durch Simulation nachgeprüft (Bild 6.3-5).

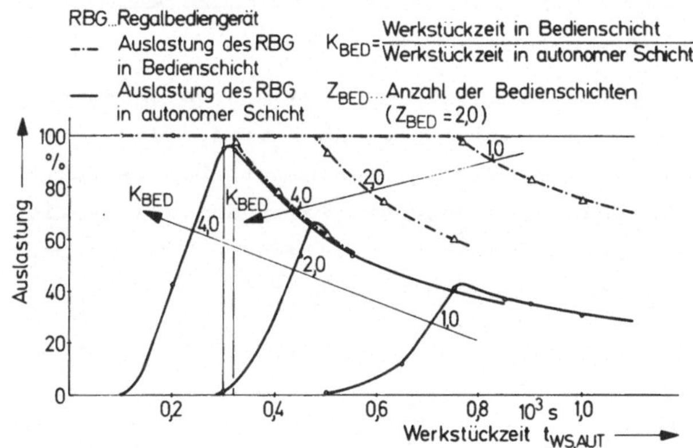

Bild 6.3-5: Auslastung des Bediengerätes bei zwei Bedienschichten

Sie erreicht bei $K_{BED}=4,0$ einen Maximalwert von 96 % und weicht damit nur sehr wenig von dem theoretischen Wert 100 % aus Gleichung 6.3/7 ab. Allerdings ist das Auslastungsmaximum auf einen sehr schmalen Fertigungsbereich 300 s < $t_{WS,AUT}$ < 320 s begrenzt. Bei einem $t_{WS,AUT}=600$ s ist sie z.B. schon auf 50 %, jedoch bei gleicher Auslastung in allen Schichten, reduziert.

Die Untersuchungen erklären den Zusammenhang der erwähnten drei Parameter Z_{AUT}, K_{BED} und Auslastung des RBG.

Es ist durch eine geeignete Wahl der Werkstücklose prinzipiell möglich, das RBG und die Stationen in allen Schichten voll auszulasten. Die dadurch bedingte Leistungssteigerung des RBG schlägt sich im Werkstückausstoß positiv nieder. Allerdings bedingt eine volle Auslastung des RBG in den autonomen Schichten ein größeres Regal mit einem größeren Palettenvorrat. Eine Optimierung der drei Parameter muß deshalb unter Berücksichtigung des erforderlichen Palettenvorrats geschehen (Kap. 6.6, Kap. 6.7).

6.4 Stationsauslastung bei mehrstufiger Fertigung

6.4.1 Palettenfrequenz

In den bisherigen Untersuchungen wurden sich ersetzende Fertigungsstationen vorausgesetzt. Dabei wird jedes Werkstück auf einer Station vollständig bearbeitet. Da die für FFS geeigneten Werkstücke aber auch häufig ergänzende Stationen bedingen, soll diese Konzeption im folgenden als Untersuchungsschwerpunkt dienen.

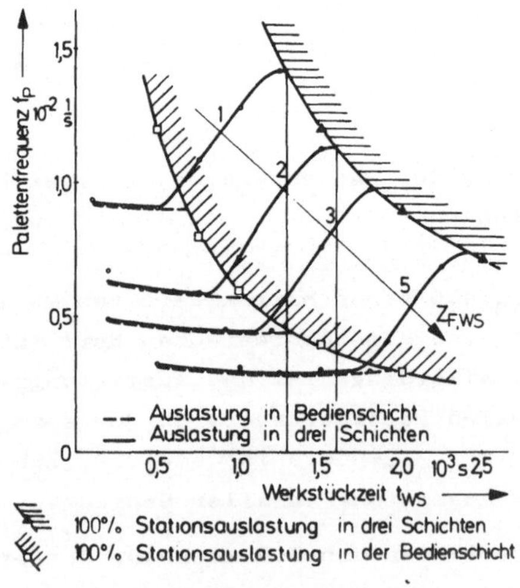

<u>Bild 6.4-1</u>: Stationsauslastung bei mehrstufiger Fertigung

In Kap. 6.3.1 wurde schon auf die zusätzlichen Belastungen des Transportmittels durch mehrstufige Fertigung hingewiesen. Im Gegensatz zu der dort beabsichtigten Auslastungsverbesserung häufig stillstehender Transportmittel soll jetzt das Zeitverhalten eines Systems betrachtet werden, dessen Transportmittel schon voll ausgelastet ist.

Durch die mehrstufige Fertigung wird damit eine volle Stationsauslastung nur bei größeren Werkstückzeiten erreicht (Bild 6.4-1). Soll beispielsweise jedes Werkstück in zwei Fertigungsstufen gefertigt werden, so ist eine 100 % Stationsauslastung im 3/1-Schichtbetrieb des Systems A1 mit Werkstückzeiten $\geqq 1600$ s in einer Aufspannung gegenüber 1300 s bei einstufiger Fertigung möglich.

6.4.2 Systeme mit getrenntem Regal- und Stationsbereich

Im Hinblick auf die mehrstufige Fertigung sind insbesondere auch Systeme zu betrachten, bei denen der Regal- und Stationsbereich getrennt ist, und deren prinzipielles Zeitverhalten in Kap. 6.1.1.2 charakterisiert wurde.

Zur Untersuchung des Zeitverhaltens bei mehrstufiger Fertigung eignet sich hier die Palettenfrequenz, die an der Stelle auftritt, an der die Paletten von einem Bereich in den anderen übergeben werden. Sie wird als Übergabefrequenz bezeichnet. Durch den Vergleich der Übergabefrequenzen $f_{ü2}$ des ZBG mit dem Wert $f_{ü1}$ des SBG wird der Engpaß festgestellt.

Die Vorgehensweise, das Zeitverhalten des Stations- und Regalbereiches unabhängig voneinander zu betrachten, rechtfertigt sich aus den Untersuchungen der Variante A2, die nur in ganz speziellen Fällen eine wechselseitige Beeinflussung der Transportmittel erkennen ließen (Kap. 6.1.1.2).

Damit wird die Simulation komplexer FFS auf die Ermittlung des Zeitverhaltens der einzelnen Bereiche reduziert, d.h. die Methode, aus einzelnen Subsystemen komplexe Systeme zu bilden, läßt sich nicht nur auf die Struktur, sondern auch auf das Zeitverhalten anwenden.

Für das System A3 sind zwei im Anschluß beschriebene Fälle

von Interesse, die sich in der Lage des Zwischenspeichers unterscheiden.

6.4.2.1 Zwischenspeicherung im Zentralspeicher

Wird der Zentralspeicher, in dem sich die neuen und fertigen Werkstücke befinden, auch als Zwischenspeicher für die teilweise bearbeiteten Werkstücke benutzt, so ergibt sich aus der Simulation eine starke Abhängigkeit des ZBG von der Anzahl der Fertigungsstufen. Für jede Fertigungsstufe ist ein Hin- und Rücktransport zwischen Zentralspeicher (Regal) und Übergabestelle durchzuführen. Mit steigender Anzahl der Fertigungsstufen erhöht sich der Anteil dieser Transporte und damit die Übergabefrequenz $f_{ü2}$ des ZBG (Bild 6.4-2). Die zusätzlichen Transporte lassen sich allerdings unterbringen, wenn höhere Werkstückzeiten t_{WS}^* vorliegen (Kap. 6.4.1).

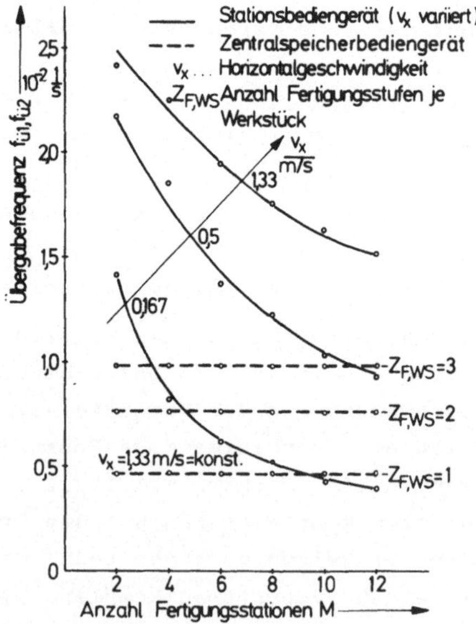

Bild 6.4-2: System A3 mit Zentralspeicher als Zwischenspeicher

Auf die Übergabefrequenz des SBG hat die Anzahl der Fertigungsstufen keinen Einfluß. Jedes Werkstück wird nach jeder
Bearbeitung auf einer Station an das ZBG übergeben.
Durch gleiche Tischhöhen im Stationsbereich wird dort außerdem die Werkstückhandhabung wesentlich vereinfacht. Damit
bietet sich auch eine große Zahl von Transportmitteln mit unterschiedlichen Transportgeschwindigkeiten für diese Aufgabe an. Neben den Regalbediengeräten kommen auch Transportmittel in Frage, die nur auf Flur geführt werden und deutlich
kleinere Geschwindigkeiten fahren. Für das SBG wird demzufol-
ge, im Gegensatz zum ZBG, die Geschwindigkeit v_x variiert.

In Bild 6.4-2 sind die Übergabefrequenzen des ZBG und SBG in
Abhängigkeit von der Anzahl der Fertigungsstufen je Werkstück
$Z_{F,WS}$, der Horizontalgeschwindigkeit v_x und der Anzahl integrierter Fertigungsstationen M dargestellt. Da durch die Variation der Stationenzahl im Regalbereich nichts geändert
wird, erscheint die Übergabefrequenz $f_{ü2}$ des ZBG als horizontale Gerade. Sind Werkstückspektren mit mehreren Fertigungsstufen zu bearbeiten, erhöht sich die Übergabefrequenz.
Das SBG zeigt eine starke Abhängigkeit vom Parameter M. Eine
steigende Stationenzahl erhöht den mittleren Transportweg
und verursacht eine niedrigere Übergabefrequenz $f_{ü1}$.
Der Engpaß läßt sich ermitteln, indem die Übergabefrequenzen
$f_{ü1}$ und $f_{ü2}$ verglichen werden. Verfährt z.B. das SBG mit
1,33 m/s, ist in jedem eingezeichneten Falle das ZBG der Engpaß. Bei kleineren Geschwindigkeiten, wie v_x=0,167 m/s und
einstufiger Fertigung ändert sich die Situation ab M=9. Das
SBG ist dann nicht mehr in der Lage, alle erhaltenen Werkstücke auf die Stationen zu bringen.

6.4.2.2 Zwischenspeicherung an der Übergabestelle

Eine Entlastung des ZBG wird erzielt, wenn der Zwischenspeicher für die teilweise bearbeiteten Werkstücke an der Übergabestelle zwischen Regal- und Stationsbereich angeordnet
wird. Damit ist für das ZBG je Werkstück nur ein Transport
zwischen Regal und Übergabestelle notwendig, und es wird so-

mit von der Anzahl der Fertigungsstufen unabhängig
(Bild 6.4-3).

Für das SBG bedeuten mehrere Fertigungsstufen eine kleinere
Übergabefrequenz, da es die Werkstücke erst wieder an den
Regalbereich übergibt, wenn sie fertig bearbeitet sind.
Entgegen der Vorgehensweise bei der Ermittlung der Engpässe,
bei der als maßgebende Größe die Übergabefrequenz betrachtet
wird, muß zum grundsätzlichen Vergleich der beiden Ausführungen, mit und ohne Zwischenspeicher, die Werkstückzeit t^*_{WS}
herangezogen werden. Sie liegt konstant bei 1300 s, wenn an
der Übergabestelle ein Zwischenspeicher eingerichtet ist. Soll
die Zwischenspeicherung im Zentralspeicher erfolgen, sind
größere Werkstückzeiten entsprechend Bild 6.4-1 notwendig.

Für die mehrstufige Fertigung ist damit ein Zwischenspeicher
an der Übergabestelle aufgrund des besseren Zeitverhaltens
vorzuziehen.

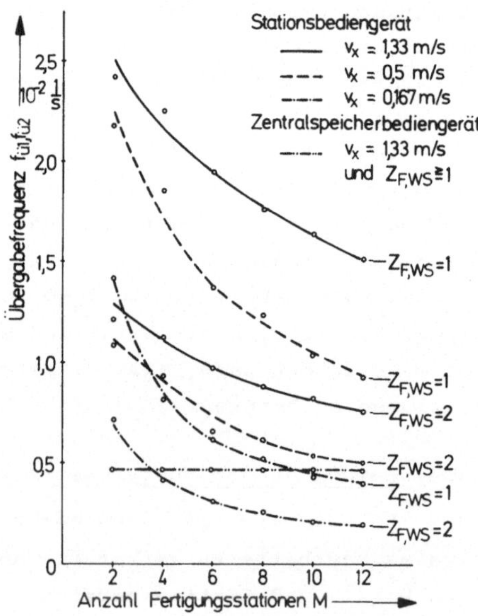

Bild 6.4-3: System A3 mit Zwischenspeicher an der Übergabestelle

6.5 Der Werkstückspannplatz

Neben den Transportmitteln kann der Werkstückspannplatz, auf dem die Werkstücke auf die Paletten gespannt werden, eine weitere Engpaßstelle bilden. Da er aufgrund dieser Eigenschaft einen nachhaltigen Einfluß auf das Systemverhalten ausübt, wie die bisherigen Untersuchungen über Engpässe erwarten lassen, wird im folgenden auf ihn näher eingegangen.

Der maßgebliche Parameter bezüglich des Zeitverhaltens ist die Umspannzeit t_u. Sie ist definiert als diejenige Zeit, die benötigt wird für das Entspannen eines bearbeiteten Werkstückes und für das Positionieren, Fixieren und Spannen eines zu fertigenden Werkstückes auf eine Palette.
Bereits früher angestellte Untersuchungen des Verfassers [46] befaßten sich zunächst mit dem 3/1-Schichtbetrieb.
Die Variation von t_u im System A1 ergab jedoch ein Verhal-

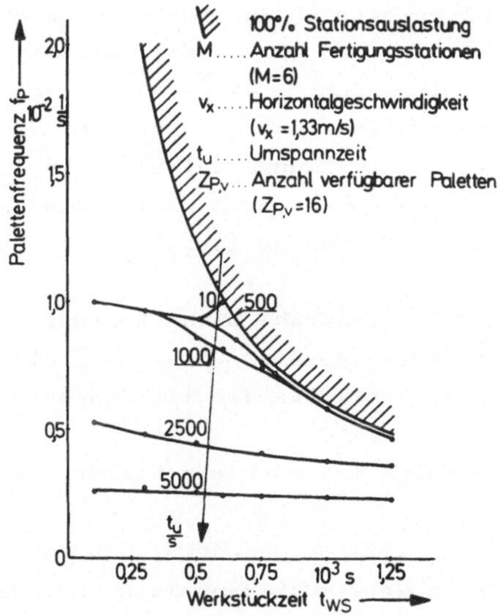

Bild 6.5-1: Einfluß der Umspannzeit bei 1/1-Schichtbetrieb

ten, das nahezu unbeeinflußt erscheint. Ursache hierfür ist
der große, für die autonomen Schichten gespeicherte Palettenvorrat, der im Notfall auch in der Bedienschicht beansprucht
wird. Damit verursachen die wegen großer Umspannzeiten nicht
mehr rechtzeitig umgespannten Werkstücke nur eine Unterlastung am Ende der autonomen Schichten.

Das Verhalten ändert sich beträchtlich, wenn der 1/1-Schicht-
betrieb und eine beschränkte Palettenanzahl $Z_{P,v}$ vorausgesetzt wird (Bild 6.5-1), wie eine Fortführung dieser Untersuchungen mit Hilfe der Simulation ergab.

Schon ein t_u von 500 s ändert dann das zeitliche Verhalten.
Die Auslastungslinie schneidet nicht mehr die Grenzlinie, sondern sie fällt ab und nähert sich ihr langsam. Bei Werkstückzeiten $t_{WS} <$ 500 s wirkt sie sich allerdings noch nicht aus,
da das RBG den alleinigen Engpaß darstellt. Das Diagramm
zeigt außerdem, verglichen mit Bild 6.1-2, den Unterschied
zwischen einem 1/1-Schichtbetrieb mit beschränkter Palettenzahl $Z_{P,v}$ und der Bedienschicht eines 3/1-Schichtbetriebes.
Während beim 1/1-Schichtbetrieb der Anstieg der Palettenfrequenz für $t_{WS} \geq$ 500 s und $t_u =$ 10 s zu einer Auslastungssteige-
rung in der Bedienschicht führt, wird beim 3/1-Schichtbetrieb
der Leistungszuwachs zu Ein-/Auslagerungen für die autonomen
Schichten verwendet. Die Leistungssteigerung an dieser Stelle
ist auf die starke Reduzierung der Einzelspiele zurückzuführen, die z.B. durch die Bedienung leerstehender Stationen
verursacht werden.

Ist die verfügbare Palettenanzahl nicht begrenzt, was in den
meisten Simulationen vorausgesetzt wird, darf die Bedienschicht des 3/1-Schichtbetriebes dem 1/1-Schichtbetrieb
gleichgesetzt werden.

Neben diesen Ausführungen ist noch ein weiterer Gesichtspunkt
zu betrachten.

Wird die Transportstrategie so geändert, daß das RBG die Paletten direkt zwischen Werkstückspannplatz und Stationen
transportiert, ohne irgendwelche Regalfächer als Puffer zu
benutzen, ergibt sich im 1/1-Schichtbetrieb ein ähnliches
Zeitverhalten wie beim System A2, das anschließend betrach-

tet wird. Die Palettenfrequenz wird durch die entfallenden Transporte zwischen Regal und Spannplatz nahezu verdoppelt. Auf ein zweites RBG kann also zu diesem Zweck verzichtet werden. Allerdings ist aufgrund der zu bildenden Materialflußwarteschlangen bei der Ein-/Auslagerung kein wahlfreier Zugriff zu den Paletten mehr gewährleistet.

Um die Betrachtungen über den Einfluß des Werkstückspannplatzes zu ergänzen, wird auch in den Systemen A2 und B1 die Umspannzeit variiert. Vorausgesetzt wird ebenfalls ein 1/1-Schichtbetrieb, da bei dieser Betriebsart gravierende Änderungen des Zeitverhaltens entstehen, sowie einstufige Fertigung und $Z_{P,v}=16$.

Die hohe Palettenfrequenz $f_P=1,92 \cdot 10^{-2}$ 1/s wird schon mit $t_u=500$ s stark reduziert (Bild 6.5-2).

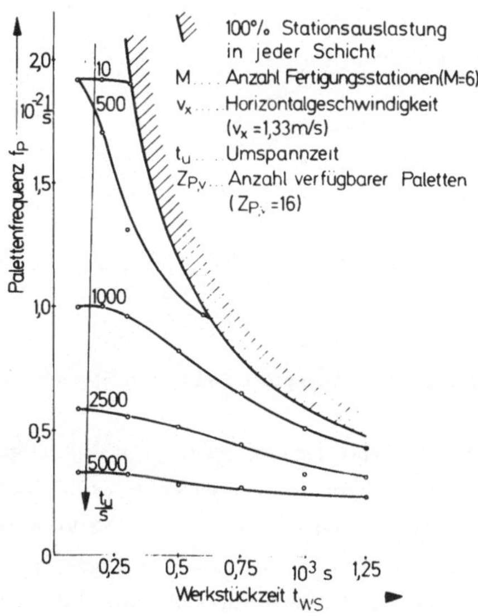

Bild 6.5-2: Einfluß der Umspannzeit im System A2

Das System A2 reagiert damit sehr empfindlich auf die Umspannzeit. Für t_u=1000 s ist kein wesentlicher Unterschied
mehr zwischen den beiden untersuchten Varianten zu erkennen.
Die momentane Verfügbarkeit der RBG verliert offensichtlich
mit zunehmender Umspannzeit an Bedeutung, da dann der Um-
spannplatz den dominierenden Engpaß verkörpert.
Die Variation der Umspannzeit im System B1 bei einer üblichen
Transportzeit von $t_{T,MM}$=30 s zwischen zwei Stationen ergibt
ein Verhalten, wie es Bild 6.5-3 zeigt.

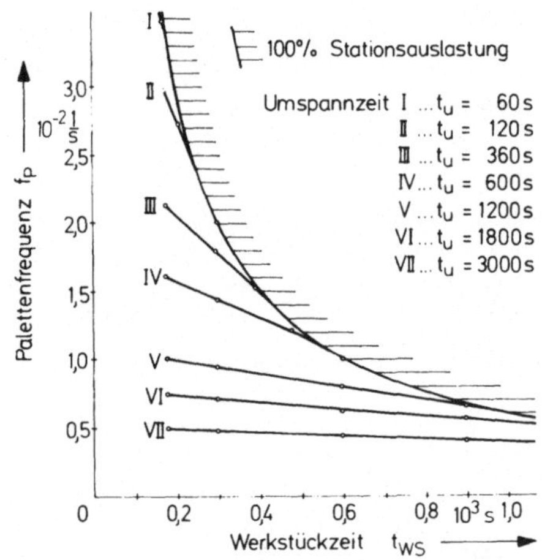

<u>Bild 6.5-3:</u> Einfluß der Umspannzeit im System B1

Eine etwas erhöhte Umspannzeit z.B. t_u=360 s gegenüber
t_u=120 s verursacht schon eine relativ hohe Reduzierung
der Palettenfrequenz. Wird t_u auf etwa 1200 s vergrößert,
so entstehen ähnliche Auslastungslinien wie in den Systemen
A1 und A2. Das bessere Zeitverhalten des Umlaufspeichers
geht dann aufgrund des sehr starken Einflusses des Werkstückspannplatzes verloren.
Mit der Betrachtung des Werkstückspannplatzes wurde die
letzte notwendige Voraussetzung zur Ermittlung der für FFS

wichtigen Größen: Anzahl der Regalfächer des Zentralspeichers, verfügbare Palettenanzahl und Werkstückausstoß geschaffen. Alle Größen, insbesondere aber die Palettenanzahl beeinflussen die Kosten des Werkstückflusses maßgeblich, so daß ihnen eine große Bedeutung beizumessen ist.

Obwohl auch die folgenden in Diagrammform dargestellten Ergebnisse an die Voraussetzung der optimalen Transportgeschwindigkeit von $v_x = 1,33$ m/s geknüpft sind, lassen sich aufgrund der Beschreibung grundsätzlicher Zusammenhänge allgemeingültige Aussagen ableiten.

6.6 Werkstückausstoß und Regalgröße

Grundlage für die Berechnung von Werkstückausstoß und Regalgröße bzw. Palettenvorrat sind die Kennwerte t^*_{WS} und f^*_P, die aus den Schnittpunkten von Auslastungs- und Grenzlinien resultieren. Diese Kennwerte werden durch verschiedene Parameter beeinflußt. Im vorliegenden Falle sollen jedoch insbesondere die Schichtbetriebsart (Kap. 6.1.1.2) und die Zusammensetzung der Werkstücklose (Kap. 6.3.2) betrachtet werden. Beide Variable sind organisatorische Parameter (Kap. 4.2.1.3), die sich auf die konstruktive Systemauslegung auswirken.

6.6.1 Schichtbetrieb

Die Berechnung der erwähnten Größen beim Betrieb mit autonomen Schichten setzt die Kenntnis der Werkstückzeit $t^*_{WS,AUT}$ voraus. Sie resultiert aus den Simulationen, deren Ergebnis für das System A1 in Bild 6.6-1 aufgetragen ist. Die Werkstückzeit der autonomen Schichten wird kleiner, wenn die Anzahl der Bedienschichten Z_{BED} und der Faktor K_{BED} vergrößert werden.

Der Werkstückausstoß Z_{WS} ist ein wesentlicher Parameter zur Beurteilung des Leistungsvermögens eines FFS. Er ist die Summe der je Tag in einer Aufspannung gefertigten Werkstücke und errechnet sich bei voller Auslastung der Stationen in allen Schichten und einstufiger Fertigung aus:

$$z_{WS} = \frac{z_{BED} \cdot M \cdot t_{SCH}}{t^{*}_{WS,AUT} \cdot K_{BED}} + \frac{z_{AUT} \cdot M \cdot t_{SCH}}{t^{\bullet}_{WS,AUT}} \qquad (6.6/1)$$

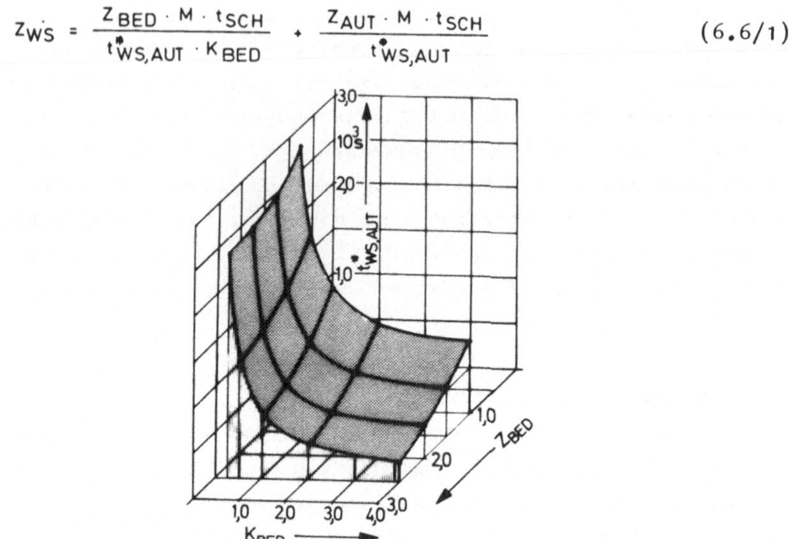

Bild 6.6-1: Werkstückzeit in autonomer Schicht

In Bild 6.6-2 ist der Werkstückausstoß für sechs Fertigungsstationen und einer Schichtdauer von t_{SCH}=8 h angegeben.

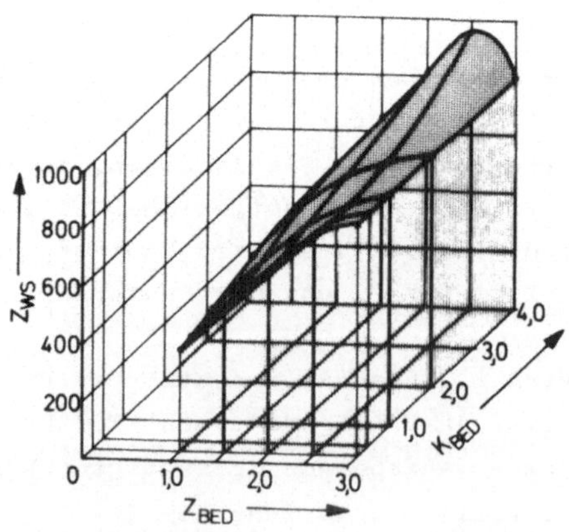

Bild 6.6-2: Werkstückausstoß

Mit zunehmendem K_{BED} und Z_{BED} vergrößert er sich und erreicht
etwa an der Stelle K_{BED}=4,0 und Z_{BED}=2,5 ein Maximum. Die Lage des Maximums läßt sich aufgrund der durch Simulation gewonnenen Werkstückzeiten $t^*_{WS,AUT}$ nur zeichnerisch ermitteln.
Für Z_{BED}=3,0 ist der Werkstückausstoß unabhängig von K_{BED}
und besitzt einen konstanten Wert von Z_{WS}=800 Werkstücke, die
sich aus dem t^*_{WS}=650 s der 1/1-Schicht ergeben.
Da die verfügbaren Paletten und die Regalgröße (Anzahl der
Regalfächer) Z_R die Kosten eines Systems stark beeinflussen,
kommt ihrer Ermittlung eine große Bedeutung zu. Es gilt:

$$Z_R = \frac{Z_{AUT} \cdot M \cdot t_{SCH}}{t^*_{WS,AUT}} \qquad (6.6/2)$$

Wird die Regalgröße unter denselben Voraussetzungen berechnet wie der Werkstückausstoß, resultiert daraus die in
Bild 6.6-3 gezeigte Abhängigkeit.

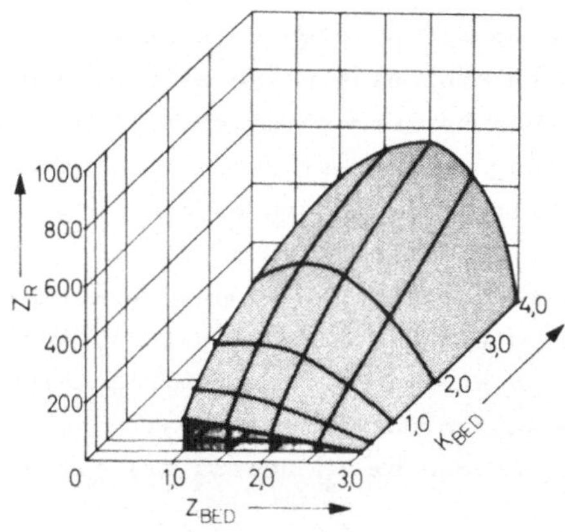

Bild 6.6-3: Notwendige Anzahl Regalfächer oder Palettenvorrat

Der Parameter Z_R steigt mit zunehmendem K_{BED} degressiv an.
Eine Erhöhung der Bedienzeit von einer auf mehrere Schichten
ist nur bei sehr kleinen K_{BED} mit einer Reduzierung der Regalgröße verbunden. Größere Werte verursachen zunächst sogar

eine Vergrößerung des Regals.

Das Maximum kann aus der Darstellung entnommen werden.

Generell erfordert schon ein kleiner autonomer Schichtzeitanteil ein relativ großes Regal. Für K_{BED}=1,0 und Z_{BED}=2,0 wird beispielsweise ein Z_R von 226 Plätzen errechnet. Die Regalgröße steigt für Z_{BED}=1,0 auf Z_R=268 an. Grundsätzlich lassen sich die angegebenen Werte um den Faktor 2·M reduzieren, wenn die Puffer an den Stationen zur Zentralspeicherung benutzt werden.

Sind keine autonomen Schichten vorhanden, wird Z_R gleich Null gesetzt, da dieser Parameter nur die Regalgröße für die autonomen Schichten beschreibt. Dies bedeutet jedoch nicht, daß ein 1/1-Schichtbetrieb keinen Speicher benötigt.

Die Größe des Speichers, der mit dem Parameter Z_S bezeichnet ist, wird in Kap. 6.6.2 berechnet.

Zunächst soll jedoch die für das System A2 notwendige Regalgröße und der mögliche Werkstückausstoß ermittelt werden.

Beim Betrieb mit autonomen Schichten verkörpert das ZBG generell den Engpaß, sofern eine einstufige Bearbeitung ohne die Transportfunktion Drehen vorausgesetzt wird. Es reicht deshalb aus, zur Ermittlung des Werkstückausstoßes und der Regalgröße das Zeitverhalten des ZBG zu betrachten. Grundlage zur Berechnung ist die Palettenfrequenz, die von der Regalgröße und der Lage der Übergabestellen des Werkstückspannplatzes abhängt. Läßt man diese Parameter konstant, so ist für v_x=1,33 m/s eine ebenso konstante Palettenfrequenz von $1,94 \cdot 10^{-2}$ 1/s zu erwarten. Damit eignet sich hier für die Berechnung die Palettenfrequenz f_P^* besser als die Werkstückzeit t_{WS}^* bzw. $t_{WS,AUT}^*$.

Der Werkstückausstoß Z_{WS} in Gleichung 6.6/1 entspricht der ein-/ausgelagerten Palettenanzahl je Tag $Z_{P,TAG}$, sofern sich auf jeder Palette ein Werkstück befindet. Daraus läßt sich die in einer Bedienschicht ein-/ausgelagerte Palettenzahl Z_P errechnen. Es gilt:

$$Z_P = \frac{Z_{P,TAG}}{Z_{BED}} = \frac{Z_{WS}}{Z_{BED}} \tag{6.6/3}$$

Werden die Größen durch die Schichtdauer t_{SCH} dividiert, er-
erhält man den Faktor Z_P/t_{SCH}, der als Palettenfrequenz f_P
definiert ist.

Im Grenzfall gilt deshalb:

$$Z_{WS} = f_P^* \cdot Z_{BED} \cdot t_{SCH} \qquad (6.6/4)$$

Die Ausgangsbasis zur Ermittlung der Regalgröße ist ebenfalls die Gleichung 6.6/1. Aus ihr läßt sich die Werkstückzeit $t_{WS,AUT}^*$ bestimmen.
Es gilt:

$$t_{WS,AUT}^* = \frac{Z_{BED} \cdot M \cdot t_{SCH}}{Z_{WS} \cdot K_{BED}} + \frac{Z_{AUT} \cdot M \cdot t_{SCH}}{Z_{WS}} \qquad (6.6/5)$$

Wird $t_{WS,AUT}^*$ in die Gleichung 6.6/2 eingesetzt, in der Z_R
bestimmt wird, erhält man:

$$Z_R = \frac{Z_{AUT} \cdot M \cdot t_{SCH}}{\dfrac{Z_{BED} \cdot M \cdot t_{SCH}}{Z_{WS} \cdot K_{BED}} + \dfrac{Z_{AUT} \cdot M \cdot t_{SCH}}{Z_{WS}}} \qquad (6.6/6)$$

Wird das Ergebnis der Gleichung 6.6/4 substituiert, ergibt
sich nach einigen Umformungen (Nebenbedingungen siehe Gleichung 6.3/1):

$$Z_R = f_P^* \cdot t_{SCH} \frac{(Z_{SCH} - Z_{BED}) \cdot Z_{BED} \cdot K_{BED}}{(Z_{SCH} - Z_{BED}) \cdot K_{BED} + Z_{BED}} \qquad (6.6/7)$$

Der Werkstückausstoß Z_{WS} und die Regalgröße Z_R sind hier also von denselben Parametern beeinflußt wie im System A1. Eine
Ausnahme bildet der Faktor K_{BED}, der in der Gleichung 6.6/4
nicht vorkommt.
Die Unabhängigkeit des Z_{WS} von K_{BED} wird durch eine Ebene
im Raum charakterisiert. Der Ordinatenwert Z_{WS} beginnt für
$Z_{BED}=1,0$ mit 559 Werkstücken je Tag und steigert sich bis
$Z_{BED}=3,0$ linear auf 1677 Werkstücke (Bild 6.6-4).
Der maximale Werkstückausstoß ist im Vergleich mit der Variante A1 bei $K_{BED}=4,0$ etwa doppelt so groß.
Allerdings benötigt die Variante A2 auch ein bedeutend grös-

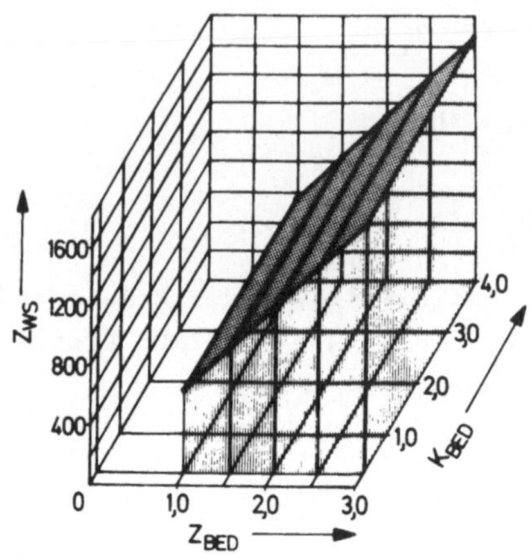

Bild 6.6-4: Werkstückausstoß

seres Regal (Bild 6.6-5). Während die Variante A1 z.B. an der Stelle $Z_{BED}=K_{BED}=1,0$ eine Regalgröße von $Z_R=268$ aufweist, ist sie hier auf ein Z_R von 372 angewachsen.

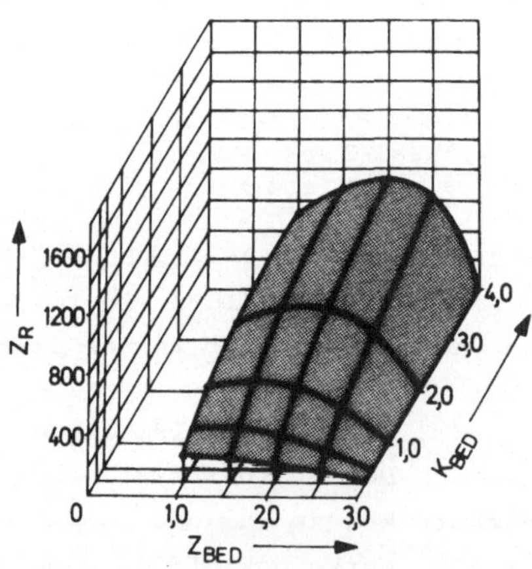

Bild 6.6-5: Notwendige Anzahl Regalfächer oder Palettenvorrat

Beim 1/1-Schichtbetrieb $(Z_{BED}=Z_{SCH}=1,0)$ ist Z_R aufgrund der fehlenden autonomen Schichten gleich Null. Ähnlich wie in der Variante A1 läßt sich jedoch ein Mindestspeicher Z_S bzw. Mindestpalettenanzahl $Z_{P,v}$ ermitteln.

6.6.2 Mindestpalettenanzahl

Die Mindestpalettenanzahl ist im wesentlichen abhängig von der Anzahl integrierter Fertigungsstationen und der Umspann- und Werkstückzeit.
Die Werkstückzeit läßt sich aus Diagrammen (Kap. 6.1) entnehmen, die auf den Simulationsläufen mit unbeschränkter Palettenzahl beruhen.
Es wird der jeweilige Wert t_{WS}^{*} berücksichtigt, bei dem gerade eine volle Stations- und RBG-Auslastung bei 1/1-Schichtbetrieb erreicht wird.

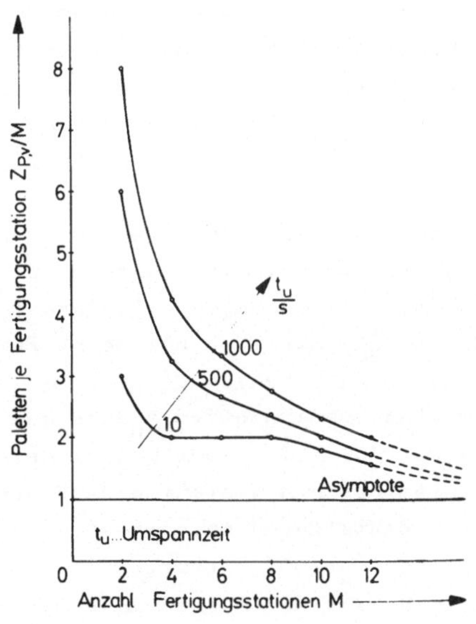

Bild 6.6-6: Mindestpalettenanzahl für 1/1-Schichtbetrieb

Er beträgt beispielsweise für sechs Fertigungsstationen im System A1 $t_{WS}^*=650$ s (Bild 6.1-2).

Die gesuchte Mindestpalettenanzahl $Z_{P,v}$, die der Speichergröße Z_S entspricht, ist aus Bild 6.6-6 zu ersehen.

Für die vernachlässigbar kleine Umspannzeit $t_u=10$ s wird der auf die Anzahl Fertigungsstationen bezogene Palettenbedarf mit zunehmender Stationenzahl kleiner. Während bei M=2 für jede Station drei Paletten bzw. Speicherplätze bereitzustellen sind, reduziert sich der Aufwand für $4 \leqq M \leqq 8$ auf zwei Paletten je Station. In diesem Bereich sind also doppelt so viele Paletten wie Stationen notwendig, um einen 1/1-Schichtbetrieb zu gewährleisten.

Sind mehr als acht Stationen integriert, geht der Faktor $Z_{P,v}/M$ asymptotisch gegen den Grenzwert 1,0. Die angegebenen Mindestpalettenzahlen gelten für eine Stationsauslastung von 90 %. Da die Steigerung der Palettenzahlen nur eine langsame Auslastungsverbesserung erbringt, erscheint es günstiger, Werkstücke mit größeren Werkstückzeiten zu bearbeiten. Schon eine Anhebung der Werkstückzeit t_{WS}^* um 10 % bedeutet eine Auslastungserhöhung auf 95 %.

Für das System A2 gelten dieselben Zusammenhänge. Die Werkstückzeit t_{WS}^* beträgt allerdings bei sechs Fertigungsstationen 310 s anstatt 650 s.

Für den Umlaufspeicher läßt sich entsprechend den bisher untersuchten Systemen die Mindestpalettenanzahl $Z_{P,v}$ ermitteln. Vorausgesetzt wird die Rollenbahngeschwindigkeit v=0,1 m/s und die Werkstückzeit t_{WS}^*, die z.B. bei sechs Fertigungsstationen 200 s beträgt.(Bild 6.1-3).

Vernachlässigbar kleine Umspannzeiten $t_u=6$ s und eine 90 % Stationsauslastung bei 100 % Transportmittelauslastung erfordern wie die linienförmigen Systeme etwa doppelt so viele Paletten wie Fertigungsstationen integriert sind.(Bild 6.6-7). Auf große Umspannzeiten $t_u=1000$ s reagiert das System allerdings sehr empfindlich. Für M=6 müssen dann $Z_{P,v}=39$ Paletten vorrätig sein, während die Variante A1 unter gleichen Bedingungen mit $Z_{P,v}=20$ Paletten auskommt.

Der große Vorzug des Umlaufspeichers ist jedoch, daß er schon

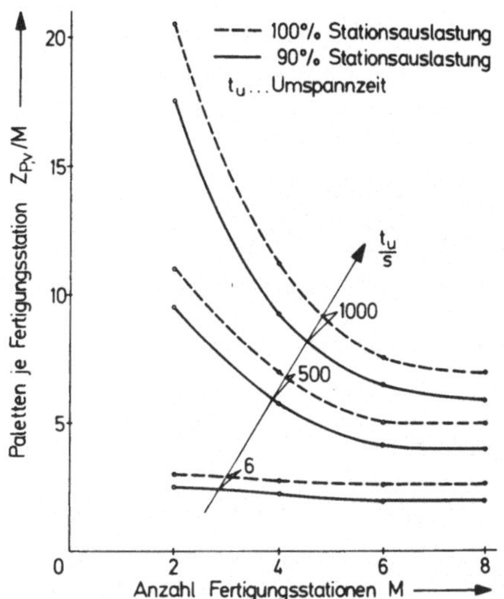

<u>Bild 6.6-7</u>: Mindestpalettenanzahl des Umlaufspeichersystems

durch eine geringe Anhebung der Palettenzahl (siehe gestrichelte Linien in Bild 6.6-7) eine volle Stationsauslastung erzielt.

6.7 <u>Nutzung der Paletten</u>

Der Werkstückausstoß und die notwendige Regalgröße, die in Kap. 6.6 behandelt wurden, geben Aufschluß darüber, wieviele Werkstücke je Tag gefertigt werden können und welche Palettenanzahl bereitzustellen ist. Für den Anwender von FFS sind die Größen bei autonomem Schichtbetrieb von besonderem Interesse. Er wird aus Kostengründen versuchen, mit wenig Paletten viele Werkstücke zu fertigen. Dieser Absicht sind jedoch durch das Zeitverhalten Grenzen gesetzt.
Um die Grenzwerte zu ermitteln, wird das Verhältnis von Werkstückausstoß zu verfügbarer Palettenanzahl $Z_{WS}/Z_{P,v}$ gebildet.

Der Faktor, der auch die je Palette und Tag gefertigte Werkstückanzahl verkörpert, wird als Palettennutzung η_P definiert.
Grundlage zur Errechnung der Palettennutzung sind die Gleichungen 6.6/1 und 6.6/2. Für den Betrieb mit autonomen Schichten, bei dem die verfügbare Palettenanzahl $Z_{P,v}$ der Regalgröße
Z_R entspricht, gilt bei einstufiger Fertigung:

$$\eta_P = \frac{Z_{WS}}{Z_R} = \frac{\dfrac{Z_{BED} \cdot M \cdot t_{SCH}}{\overset{\bullet}{t}_{WS,AUT} \cdot K_{BED}} + \dfrac{Z_{AUT} \cdot M \cdot t_{SCH}}{\overset{\bullet}{t}_{WS,AUT}}}{\dfrac{Z_{AUT} \cdot M \cdot t_{SCH}}{\overset{\bullet}{t}_{WS,AUT}}} \tag{6.7/1}$$

Nach einigen Umformungen ergibt sich:

$$\eta_P = 1 + \frac{Z_{BED}}{(Z_{SCH} - Z_{BED}) \cdot K_{BED}} \tag{6.7/2}$$

wobei $M \neq 0$, $t_{SCH} \neq 0$, $t_{WS,AUT} \neq 0$, $K_{BED} \neq 0$, $Z_{BED} \neq Z_{SCH}$ beträgt.

Die Gleichung 6.7/2 setzt eine volle Auslastung der Stationen in allen Schichten voraus. Während sich die Varianten
A1 und A2 im Werkstückausstoß und der verfügbaren Palettenanzahl unterscheiden, ist die Palettennutzung beider Varianten identisch. Wird die Palettennutzung für $Z_{SCH}=3,0$ in Abhängigkeit von Z_{BED} und K_{BED} aufgetragen, ist ein Anstieg
mit zunehmendem Z_{BED} zu erkennen (Bild 6.7-1).
Die Palettennutzung wächst ebenfalls mit abnehmendem K_{BED}.
Eine Organisation, die die Bearbeitung der kleineren Werkstücke in den Bedienschichten vorsieht, erreicht somit eine
erhöhte Nutzung. Dieses Verhalten ergibt sich, weil ein grös-
serer Palettenumschlag in den Bedienschichten keine zusätzlichen Paletten erfordert, aber den Werkstückausstoß steigert.
Um den Bereich zu kennzeichnen, in dem eine sehr starke Zu-
nahme der Palettennutzung vorliegt, wird η_P partiell nach
K_{BED} und Z_{BED} abgeleitet und der Betrag der Steigung der
Tangentialebenen gleich 1,0 gesetzt. Die Linien, an denen
sich die Tangentialebenen und die Raumfläche berühren, sind
in Bild 6.7-1 eingezeichnet.

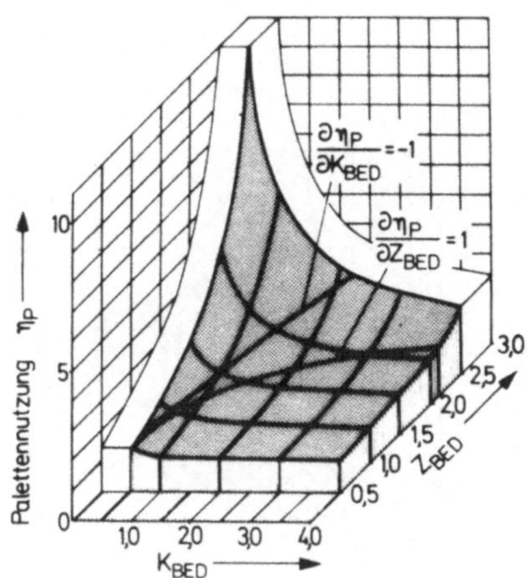

Bild 6.7-1: Palettennutzung

Soll ein optimierter Arbeitsbereich anhand der Palettennutzung definiert werden, so läßt er sich mit Hilfe der Berüh-
rungslinie aus der Ableitung nach K_{BED} angeben. Ist das
K_{BED} kleiner oder gleich den Werten, die sich aus dieser Be-
rührungslinie ergeben, befindet man sich in dem anzustreben-
den Bereich hoher Palettennutzung.

Dem Ziel, in allen Varianten eine hohe Palettennutzung zu
erreichen, steht in der Variante A1 die Forderung nach einer
vollen Auslastung des RBG in den autonomen Schichten diame-
tral entgegen. Eine volle Auslastung des RBG in den autonomen Schichten setzt nämlich große K_{BED} und ein $Z_{BED} > 1,5$
voraus. Während das rechte Flächenelement in Bild 6.7-2 diese
Anforderung kennzeichnet, entspricht das linke der hohen
Palettennutzung.

Der optimale Arbeitsbereich wurde in weiterführenden Untersuchungen unter Verwendung der in Kap. 7.2 erarbeiteten
Grundlagen durch eine Kostenrechnung ermittelt. Die Kosten
je Werkstück werden kleiner mit zunehmendem Z_{BED} und ab-

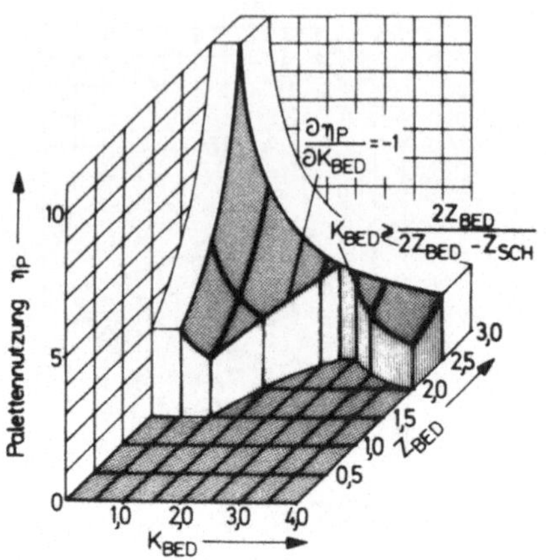

Bild 6.7-2: Definition von Arbeitsbereichen

nehmendem K_{BED}, d.h. je größer die Palettennutzung ist, desto geringer werden die auf die Werkstücke umgelegten Kosten. Aufgrund dieses Zusammenhangs ist allgemein eine hohe Palettennutzung anzustreben.

6.8 Folgerungen

Mit der Ermittlung der Palettennutzung ist die Untersuchung der Einflüsse einzelner Parameter auf das Zeitverhalten abgeschlossen. Da im folgenden vor allem Vergleiche durchgeführt werden, sollen zuvor an dieser Stelle die wesentlichen Ergebnisse zusammengefaßt und Folgerungen abgeleitet werden.

Grundlage für die Simulationsauswertung ist die Definition geeigneter Parameter, die das Systemverhalten beschreiben. Mit der Palettenfrequenz f_P ist eine Größe gefunden, die nicht nur ein System charakterisiert, sondern die auch in Abhängigkeit von der Werkstückzeit den Vergleich unterschiedlicher Systeme oder auch Teillösungen einfach gestaltet. Auf der Basis der Palettenfrequenz lassen sich Auslastungs- und

- 125 -

Grenzlinien definieren, wobei für die Systemauslegung vor
allem deren Schnittpunkt von Bedeutung ist, weil sie die
mittlere Werkstückzeit des bearbeitbaren Werkstückspektrums
bestimmen. Weitere Parameter, die die Auslastungs- und Grenzlinien und damit das Zeitverhalten der Systeme ändern oder
beschreiben, sind ebenso wie die Palettenfrequenz in Tabelle
6.8-1 angeführt.

Erhöhung der Eingabeparameter (Zeilen); Einfluß der Eingabeparameter auf die Werkstückflußvarianten (A1, A2, A3, B1) und Veränderung der Ausgabeparameter. Die beiden Pfeile je Ausgabeparameter bedeuten ↑ = Erhöhung, ↓ = Reduzierung.

Eingabeparameter	Einfluß auf Werkstückflußvariante				Veränderung der Ausgabeparameter					
	A1	A2	A3	B1	f_P	Z_{WS}	Z_R	$Z_{P,v}$	Auslastung Stationen	TM
t_{WS}	großer Einfluß	großer Einfluß	großer Einfluß	großer Einfluß	X ↓	X ↓	X ↓	X ↓	X ↑	X ↓
σ	kleiner Einfluß	großer Einfluß	mäßiger Einfluß	großer Einfluß	X ↓	X ↓	X ↑	X ↑	X ↓	X ↓
Z_{DR}	mäßiger Einfluß	großer Einfluß	mäßiger Einfluß	/	X ↓	X ↓	X ↓	X ↓	X ↓	X ↑
$Z_{F,WS}$	großer Einfluß	mäßiger Einfluß	mäßiger Einfluß	kleiner Einfluß	X ↓	X ↓	X ↓	X ↓	X ↑ v X ↓	X ↑
K_{BED}	großer Einfluß	großer Einfluß	großer Einfluß	/	X ↑	X ↑	X ↑	/	X ↑	X ↑ v X ↓
$\bar{t}_T$	großer Einfluß	großer Einfluß	großer Einfluß	großer Einfluß	X ↓	X ↓	X ↓	X ↑	X ↓	X ↑
Z_{BED}	großer Einfluß	großer Einfluß	großer Einfluß	großer Einfluß	X ↑ v X ↓	X ↓	X ↑ v X ↓	/	X ↑ v X ↓	X ↑ v X ↓
Z_{SCH}	großer Einfluß	großer Einfluß	großer Einfluß	großer Einfluß	X ↑ v X ↓	X ↓	X ↓	/	X ↑ v X ↓	X ↑ v X ↓
M	großer Einfluß	großer Einfluß	großer Einfluß	großer Einfluß	X ↓	X ↓	X ↑	X ↑	X ↓	X ↑
t_u	großer Einfluß	großer Einfluß	großer Einfluß	großer Einfluß	X ↓	X ↓	X ↑ v X ↓	X ↑	X ↓	X ↓

Legende:
- [schraffiert] großer Einfluß
- [halb schraffiert] mäßiger Einfluß
- [leer] kleiner Einfluß
- X ... Ja
- / ... Nein
- v ... Oder
- ↑ Erhöhung
- ↓ Reduzierung
- TM ... Transportmittel

__Tabelle 6.8-1:__ Einfluß der betrachteten Parameter

Sie zeigt qualitativ, welchen Einfluß die Eingabeparameter
auf die entwickelten Werkstückflußvarianten haben und wie
sich eine Erhöhung des Wertes eines Eingabeparameters auf
die Ausgabeparameter auswirkt. Die Auswirkung auf die Ausgabe kann unterschiedlich sein. Insbesondere verursacht die
Schichtbetriebsart, die durch Z_{BED} und Z_{SCH} gekennzeichnet
ist, in Abhängigkeit von den Werkstückflußvarianten und anderen Parametern oft eine Erhöhung oder Reduzierung der Aus-

gabewerte.

Durch die Auflösung des Zusammenhangs der Parameter in Einzel-
abhängigkeiten wurde es möglich, Aussagen zur Auslegung und
Anordnung der Werkstückflußkomponenten Fertigungsstationen,
Regal, Werkstückspannplatz und verfügbare Palettenanzahl zu
treffen. Einige Aspekte sind im folgenden angeführt. Priori-
tätsgesteuerte Stationen lassen sich so anordnen, daß erhöhte Anforderungen der Werkstücke infolge kürzerer Werkstückzeiten nur eine geringfügige Unterlastung verursachen. Voraussetzung hierfür sind kurze Transportwege für hochpriore
Stationen. Solche Systeme sind durch Auslastungslinien mit
ähnlichem Verlauf wie die hyperbelförmige Grenzkurve gekennzeichnet (Kap. 6.1.1.2)

Da das Transportmittel das Zeitverhalten eines Systems maßgeblich bestimmt, steht die Optimierung seiner technischen
Daten im Brennpunkt des Interesses. Durch die Simulation ist
es möglich, in Abhängigkeit von der gerätetechnischen Ausstattung, z.B. Reibradantrieb und Systemabmessungen, optimale
Beschleunigungen und Geschwindigkeiten zu ermitteln. Damit
wird die Beschaffung unnötig großer Antriebe vermieden
(Kap. 6.2).

Zur höheren zeitlichen Nutzung nicht ausgelasteter Transportmittel kommen mehrere Maßnahmen in Betracht. Günstig erscheint
vor allem, ständig unterlasteten Geräten zusätzliche Aufgaben,
z.B. das Drehen von Paletten, zuzuordnen. Damit können andere Einrichtungen wie die Schalttische der Stationen gespart
werden (Kap. 6.3.1).

Für Transportmittel, die nur in den autonomen Schichten unterlastet sind, finden sich kaum zusätzliche Aufgaben, da in diesem Schichtteil aufgrund der Planungsziele prinzipiell weniger Tätigkeiten vorgesehen sind. Die Lösung dieses Problems
wurde deshalb durch eine geeignete Organisation der Werkstücklose versucht. Grundsätzlich ist es durch die Fertigung
der Werkstücke mit großen Werkstückzeiten in der Bedienschicht
möglich, das Transportmittel ebenso wie die Stationen in allen Schichten voll auszulasten (Kap. 6.3.2). Allerdings ist
dabei ein starker Anstieg der Palettenzahl zu verzeichnen, der

die Palettennutzung reduziert. Deshalb sollte diese Maßnahme nicht schon in der Systemplanung in Betracht gezogen werden, sondern eher während des Betriebes zur kurzfristigen Erhöhung des Werkstückausstoßes. Im Zusammenhang mit dieser Frage scheint auch von Interesse, inwieweit die dem Werkstückfluß zugeordneten Transportmittel für den Werkzeugtransport einsetzbar sind. Hierzu sind jedoch weiterführende Untersuchungen notwendig.

Die Simulationen haben außerdem gezeigt, daß schon eine autonome Schicht eine sehr hohe Palettenzahl bzw. ein großes Regal verlangt. Die Frage, ob mit FFS autonome Schichten zu betreiben sind muß deshalb durch eine Wirtschaftlichkeitsrechnung geklärt werden. Allgemein werden jedoch durch die große Palettenanzahl an den Betrieb eines FFS, z.B. hinsichtlich der Werkstückverfolgung, Zuverlässigkeit, Organisation des Werkstückspannplatzes usw. beträchtliche Anforderungen gestellt.

Aus den Untersuchungen über die Mindestpalettenanzahl, die einen 1/1-Schichtbetrieb voraussetzt, läßt sich auch die kleinste Zahl der zu verkettenden Fertigungsstationen ableiten (Kap. 6.6.2). Systeme mit weniger als vier Stationen liegen in dem Bereich, der durch einen sehr starken Anstieg der eingetragenen Kurven bei hohen Ordinatenwerten gekennzeichnet ist (Bild 6.6-6). Dies bedeutet eine relativ hohe erforderliche Palettenzahl. Deshalb sollten in FFS wenigstens vier Fertigungsstationen verkettet sein.

Die Verwirklichung dieser Forderung kann jedoch nur unter Berücksichtigung übergeordneter Kriterien wie notwendiger Werkstückausstoß, Wirtschaftlichkeit des Gesamtsystems usw. erfolgen.

7 Vergleich der angewendeten Untersuchungsmethoden

Ein Rückblick auf die Untersuchungen läßt die Bedeutung erkennen, die der Ermittlung des Zeitverhaltens bei der Systemauslegung zukommt. Die Auflösung komplexer zeitlicher Zusammenhänge, die in den vielen beeinflussenden Parametern begründet liegen, sowie die Optimierungen, waren nur durch eine ein-
gehende Betrachtung des Systemverhaltens mit Hilfe der Simulationstechnik möglich. Da aufgrund der erzielten Ergebnisse
die Systemauslegung und damit die Kosten eines Systems direkt
beeinflußt werden, muß noch die Frage nach der Zuverlässigkeit der Simulationsergebnisse beantwortet werden. Hierzu
wird ein Vergleich von Meß- und Simulationsergebnissen durchgeführt.
In Kap. 4 wurde außerdem darauf hingewiesen, daß für die Simulationstechnik Einsatzgrenzen z.B. infolge des notwendigen
Großrechners oder der Anzahl der Simulationsläufe bestehen.
Es soll deshalb auch geklärt werden, unter welchen Voraussetzungen die entwickelten analytischen Methoden die Simulation ersetzen können.

7.1 Nachprüfung von Simulationsergebnissen durch Messungen

Um Meßergebnisse zu erzielen, die zur Überprüfung der Simulationen dienen konnten, mußte neben der Ermittlung der Transportmitteldaten ein Transportablauf erzeugt werden, der den
Betriebszustand eines FFS charakterisiert. Für die Planung
ist von besonderem Interesse, wenn gerade alle Fertigungsstationen voll ausgelastet sind (Kap. 6). Jede Station
wird gleich oft angefahren, wobei das Transportmittel dau-
ernd in Betrieb ist. Zur Versuchsdurchführung wurde deshalb
mit dem in Kap. 4.2.2 beschriebenen Versuchsaufbau ein Pen-
delbetrieb realisiert, d.h. das Transportmittel fuhr von
einem definierten Ort (Regalfach) aus mehrere Positionen,
die Stationen verkörpern, an. Als zu beobachtende Größen,
die den Vergleich von Messung und Simulation ermöglichten,
eigneten sich bei diesem Betrieb die mittlere Transportzeit
und die Anzahl der Transporte zu den Stationen.

Im ersten Versuch wurde das Zeitverhalten betrachtet, wenn sich nur eine Station im System befindet. Die variierten Paremeter waren die Transportgeschwindigkeit v_x bei konstantem Verhältnis v_x/v_y und die Entfernung der Stationen s_x zu dem Regalfach. Zur sicheren Durchführung der Messung im Hinblick auf das Reibverhalten und der Erwärmung des Antriebs war die Beschleunigung auf 1,75 m/s^2 reduziert. Die gemessene jeweilige mittlere Transportzeit $\bar{t}_T$ ist in Bild 7-1 aufgetragen und den simulierten Werten gegenübergestellt. Durch den Vergleich der gemessenen Transportzeiten mit Simulationsergebnissen wird nicht nur die Berechnung dieses Parameters überprüft, sondern auch die Logik des Simulationsprogrammes, da zu einem Simulationslauf alle Programmteile benötigt werden.

Die Variation der Eingabeparameter ändert den Ablauf einer Simulation, außerdem werden weitere Programmbausteine hinsichtlich des Zusammenhangs der Grundlogik überprüft. Ein häufig betrachteter Parameter in den Simulationen ist die

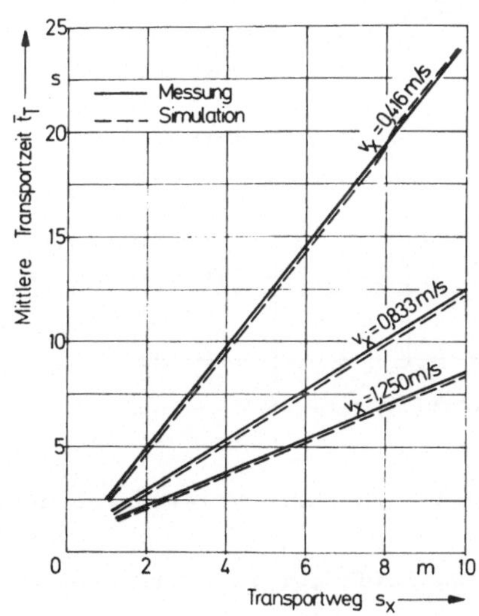

Bild 7-1: Gemessene und simulierte Transportzeiten

Anzahl der integrierten Stationen M. Deshalb soll anschlies-
send die Qualität der Simulationsergebnisse in Abhängigkeit
dieses Parameters untersucht werden.
Die beobachtete Größe ist die Anzahl der Transporte zu den
Stationen in einer Schicht, die der Anzahl bearbeiteter Werkstücke bzw. in diesem Fall auch der Palettenfrequenz f_P
(Kap. 6.1.1.2) entspricht. Die Abweichung der gemessenen von
den simulierten Werten wächst mit steigender Stationenzahl M
(Bild 7-2) und ist auf die zunehmende Komplexheit des Transportablaufs zurückzuführen. In allen betrachteten Fällen beträgt die Differenz jedoch weniger als 5 %, was die Eignung
der Simulation als Untersuchungsmethode bestätigt.

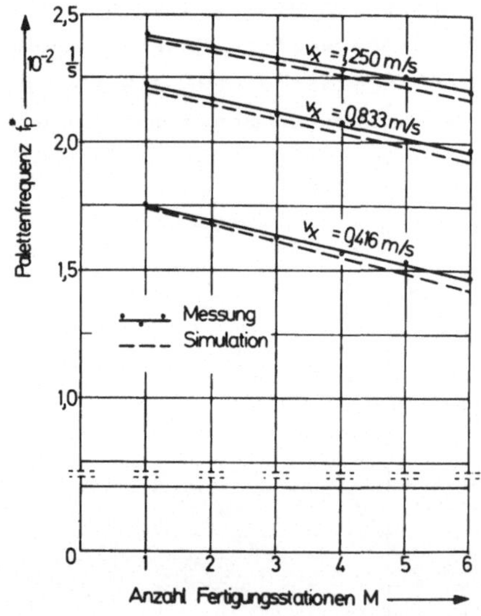

Bild 7-2: Gemessene und simulierte Palettenfrequenz

Nachdem nun über die Qualität der Simulationsergebnisse Aussagen vorliegen, erfolgt anschließend ein Vergleich der analytischen Methoden mit der Simulation.

7.2 Vergleich analytischer Methoden mit der Systemsimulation

Der Vergleich der verschiedenen Methoden wird am System A1
unter Betrachtung des 3/1-Schichtbetriebes durchgeführt. Bei
gleichen Bedingungen wie identische Transportmitteldaten, einstufige Fertigung usw. wird mit jeder Methode die Palettenfrequenz f_P^* ermittelt. Außerdem werden Parameter variiert, die
den variablen Transportzeitanteil beeinflussen. Solche Parameter sind die Transportgeschwindigkeit, die Anzahl der Stationen und die Systemabmessungen. Ebenso die Gabelspielzeit,
die den fixen Zeitanteil verkörpert.
Mit kleinerer Geschwindigkeit $v_x (v_x/v_y=\text{konst.})$ ist eine zunehmende Abweichung der Ergebnisse der verschiedenen Methoden
zu beobachten (Bild 7-3). Dies ist dadurch zu erklären, daß
bei kleinen Geschwindigkeiten der Anteil der Gabelspielzeit t_G
als fixer Bestandteil einer Doppelspielzeit immer kleiner
wird und damit die Unterschiede der Methoden, die in den variablen Zeitanteil eingehen, stärker hervortreten.

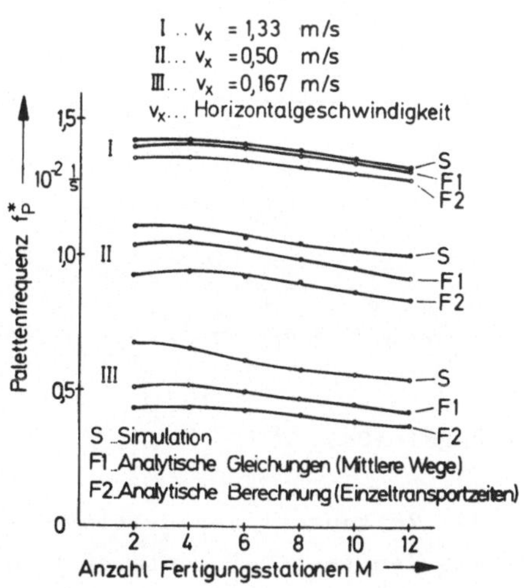

Bild 7-3: Einfluß der Horizontalgeschwindigkeit

Grundsätzlich liegen die Palettenfrequenzen der analytischen
Methoden (F1, F2) niedriger als die der Simulation (S). Erfolgt also die Auslegung des Werkstückflusses durch analytische Methoden, so wird er noch mehr überdimensioniert als
durch Simulation, da auch sie schon eine ähnliche Wirkung
erzeugt (Bild 7-2). Die Folge ist dann z.B. ein nicht ausge-
lastetes Transportmittel beim Betrieb des FFS.
Die häufigen Ein-/Auslagerungen in der Variante A1 lassen
einen großen Einfluß der Regalabmessungen erwarten. Doppelte
oder vierfache Regalmaße erhöhen die mittlere Ein-/Auslage-
rungszeit und verursachen kleine Palettenfrequenzen (Bild 7-4).

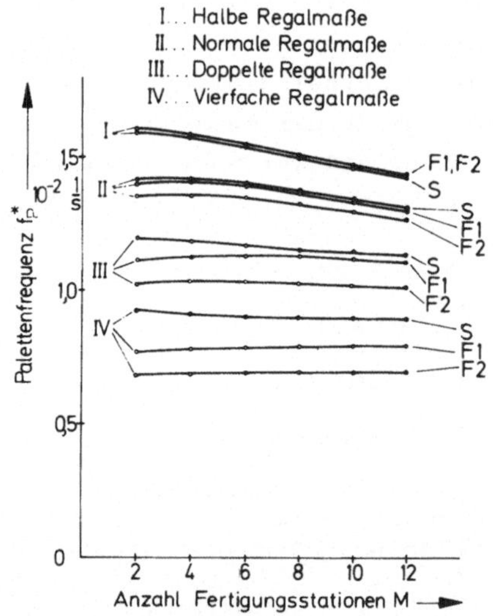

Bild 7-4: Einfluß der Regalmaße

Außerdem wird dadurch der Zeitanteil der Stationsbedienung
stark vermindert, was aus den fast horizontalen Linien zu
ersehen ist.
Die Abweichung der Ergebnisse wird außerdem mit zunehmender

Gabelspielzeit kleiner (Bild 7-5). Sie steigt jedoch mit
der Stationenzahl an, da der variable Transportzeitanteil
wächst.

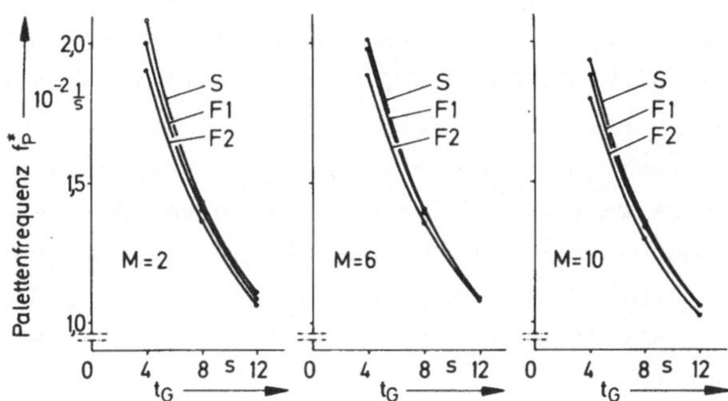

Bild 7-5: Einfluß der Gabelspielzeit

Aufgrund der dargestellten Ergebnisse lassen sich die ange-
wendeten Methoden folgendermaßen beurteilen.
Mit kleinem fixen Transportzeitanteil, der durch kleine
Transportgeschwindigkeiten, kleine Gabelspielzeiten und gros-
se Transportwege verursacht wird, steigt die Abweichung der
Palettenfrequenzen. Da die analytischen Kurven unter denen
der Simulation liegen, die infolge der besten Abbildungsge-
nauigkeit des Prozesses auch die genauesten Ergebnisse erwarten läßt, wird ein mit analytischen Methoden ausgelegter
Werkstückfluß überdimensioniert.
Grundsätzlich liegen die auf der Basis mittlerer Weg (F1)
errechneten Ergebnisse näher bei den Simulationskurven als
die auf der Basis der Einzeltransportzeiten (F2) erzielten
Ergebnisse. Für $v_x=1,33$ m/s sind sogar kaum Abweichungen
festzustellen.
Der Einfluß der Parameter auf die Qualität der Ergebnisse
läßt sich zusammenfassen, indem der Quotient aus dem fixen

Transportzeitanteil und der mittleren Transportzeit gebildet wird ($t_G/\bar{t}_T$). Entsprechend den obigen Ausführungen weichen nämlich die analytischen Ergebnisse von den Simulationswerten stärker ab, wenn ein kleinerer Quotient vorliegt. Der Betrag der Abweichung ist in Bild 7-6 angegeben. Er wird errechnet, indem die analytisch ermittelten Palettenfrequenzen aus den vorigen drei Bildern entnommen und auf die jeweiligen Simulationswerte bezogen werden. Die prozentuale Abweichung wird über dem zu bildenden Wert von $t_G/\bar{t}_T$ abgetragen. Aufgrund unterschiedlicher Nebenwirkungen bei der Variation eines Parameters kann die prozentuale Abweichung jedoch nur mit einer Streuung angegeben werden. Beide analytischen Methoden werden somit durch ein Band charakterisiert, das sich mit wachsendem Abszissenwert verengt und asymptotisch der Abszissenachse nähert.

Mit Hilfe des Diagrammes lassen sich nun die Anwendungsbereiche der verschiedenen Methoden definieren. Sie sind durch Pfeile unter der Abszisse markiert.

Ist ein FFS zu planen, das einen Quotienten von $t_G/\bar{t}_T \leq 0,113$ aufweist, ist die Systemauslegung nur unter Zuhilfenahme der

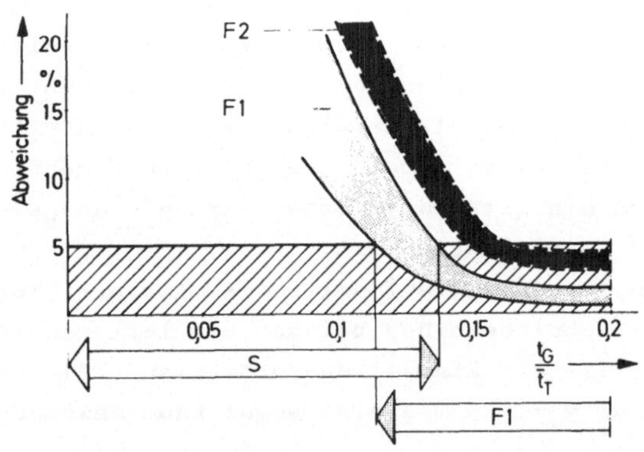

Bild 7-6: Anwendungsbereiche der Untersuchungsmethoden

Simulationstechnik sinnvoll. Die Planung mit den analytischen
Methoden wäre hier zu ungenau. Damit liegt für den Anwendungs-
bereich der analytisch mathematischen Gleichungen neben der
in Kap. 5.1.3 ermittelten Mindestgröße eines Regals von fünfundzwanzig Fächern eine zweite Einschränkung vor. Für größere
Werte kann alternativ auch die Methode F1 verwendet werden.
Beträgt der Abszissenwert mindestens 0,137, reicht diese einfache Methode in jedem Falle aus.
Die geringere Qualität der F2-Ergebnisse ist durch die grös-
seren Abweichungen dokumentiert. Da diese Methode auch einen
relativ großen Programmieraufwand erfordert, scheidet sie
als Alternative aus.
Die angegebenen Anwendungsbereiche gelten, wenn eine Abweichung von 5 % gegenüber den Simulationswerten zugelassen
wird. Größere zulässige Beträge verschieben die Einsatzgrenzen in Richtung Koordinatenursprung.
Neben dem Vergleich der Methoden ist noch ein weiterer Aspekt
zu betrachten. Die errechneten Transportwege, die die Grundlage der analytisch ermittelten Palettenfrequenz darstellen,
können nämlich außerdem zur Optimierung des Geschwindigkeits-
und Beschleunigungsverhältnisses (Kap. 6.2.1) verwendet werden.

8 Normierte Systemkennlinien

Zur vollständigen Ermittlung des Zeitverhaltens des Werkstückflusses im FFS sind alle beeinflussenden Parameter zu variieren und die Abhängigkeiten in Diagrammen abzutragen.

Um den Aufwand zu reduzieren, wurden bisher einige Parameter zunächst optimiert und dann konstant gelassen wie z.B. die Transportgeschwindigkeit, oder das Zeitverhalten für eine typische Konfiguration z.B. sechs Fertigungsstationen ermittelt. Die dadurch erzielten Ergebnisse, die zur prinzipiellen Darstellung des Zeitverhaltens ausreichen, werden im folgenden durch die Entwicklung normierter Systemkennlinien ergänzt. Eine Kennlinie charakterisiert den Einfluß vieler Parameter gleichzeitig und vermindert damit auch den zeichnerischen Aufwand beträchtlich.

Die Grundlage für ihre Erstellung ist die Normierung, die durch analytisch mathematische Vorschriften mehrere, durch Simulation ermittelte Auslastungslinien, zu einer Kennlinie vereinigt. Die Vorschriften resultieren aus der Betrachtung von Grenzsituationen, die durch die im folgenden angeführten mathematischen Gleichungen erfaßt werden können.

Eine der Grenzsituationen wird in der Gleichung 6.1/3 beschrieben. Sie gibt die Grenzlinie an, die die volle Auslastung der Fertigungsstationen verkörpert.

Wird diese Gleichung mit der mittleren Transportzeit $\bar{t}_T$ erweitert, so gilt:

$$\frac{z_P \cdot \bar{t}_T}{t_{SCH}} = \frac{z_{SCH}}{z_{BED}} \cdot \frac{M \cdot \bar{t}_T}{t_{WS}} \qquad (8/1)$$

Die Erweiterung der Gleichung mit $\bar{t}_T$ liegt im Zeitverhalten der Systeme begründet, das nicht nur durch die Anforderungen der Stationen, sondern auch durch den Transportengpaß bestimmt wird. In den Werkstückflußvarianten mit linienförmiger Struktur entspricht $\bar{t}_T$ der mittleren Transportzeit des RBG, das die Stationen bedient. Beim Umlaufspeicher ist sie identisch mit der Transportzeit zwischen zwei Stationen $t_{T,MM}$. Sämtliche Stationen sind durchschnittlich während der Werkstück-

zeit t_{WS} zu bedienen, wenn sie voll ausgelastetet werden
sollen.

Die Forderung läßt sich formulieren in:

$$M \cdot \bar{t}_T \lessgtr t_{WS} \tag{8/2}$$

Daraus kann die dimensionslose Größe $\varkappa_M$ abgeleitet werden:

$$\varkappa_M \geq \frac{M \cdot \bar{t}_T}{t_{WS}} \tag{8/3}$$

Die Größe $\varkappa_M$ ist damit ein Indikator für die volle Stationsauslastung unter Berücksichtigung des Transportengpasses.
Wird nur das Transportmittel betrachtet, so läßt sich die
maximal mögliche Transportanzahl $\varkappa_T$ ermitteln mit:

$$\varkappa_T = \frac{t_{SCH}}{\bar{t}_T} \tag{8/4}$$

Mehr Doppelspiele als $\varkappa_T$ sind in einer Schicht nicht möglich.
Werden bei der Betrachtung der Gleichung 8/1 die beiden Grös-
sen $\varkappa_M$ und $\varkappa_T$ berücksichtigt, so kann die linke Gleichungsseite als das Verhältnis der ein-/ausgelagerten Paletten zu
den durchgeführten Doppelspielen oder als Anzahl Doppelspiele
je Palette interpretiert werden, während die rechte Seite die
Anforderungen der Stationen und den Transportengpaß beinhaltet.
Um eine normierte Darstellung zu erzielen, werden die Parameter der linken Gleichungsseite an der Ordinate und die
Parameter der rechten Seite an der Abszisse eines Diagrammes
abgetragen. Die Verwendung der Kehrwerte vereinfacht dabei
die Kurvencharakteristik. Durch das Einsetzen der Parameterwerte wird die Systemkennlinie gebildet.
In Bild 8-1 ist eine normierte Auslastung der Werkstückflußvariante A1 eingezeichnet, wobei die Anzahl der Fertigungsstationen zwischen zwei und zwölf und die horizontale Transportgeschwindigkeit v_x des RBG zwischen 0,167 m/s und 1,33 m/s
variieren. Sämtliche Auslastungslinien sind in einer Kennlinie vereinigt. Die Grenzlinien für die verschiedenen Schichtbetriebsarten ergeben sich aufgrund der Parameterkehrwerte

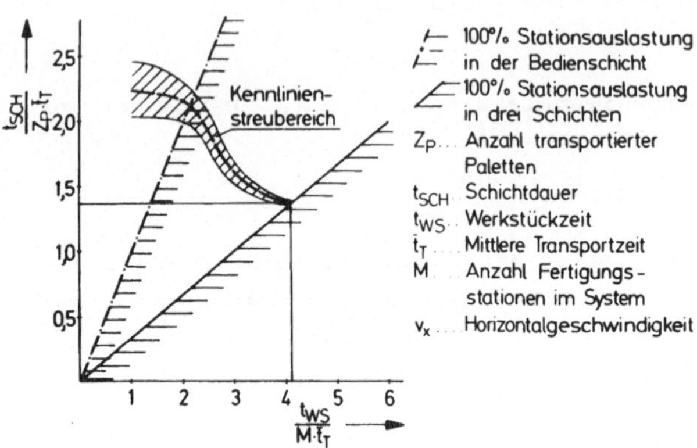

Bild 8-1: Kennlinie des Systems A1

als Geraden. Die Schnittpunkte der Kennlinie und Grenzlinien
kennzeichnen die volle Auslastung der Stationen in Abhängigkeit von der Schichtbetriebsart. Die entsprechenden Abszis-
sen- und Ordinatenwerte werden als Kenngrößen definiert. Im
3/1-Schichtbetrieb beträgt der Ordinatenwert 1,355, der einem
Abszissenwert von 4,06 entspricht.
Beim 1/1-Schichtbetrieb (strichpunktierte Grenzlinie) entfallen die Ein- und Auslagerungen für die autonomen Schichten.
Je Palette sind damit zwei Transporte, nämlich Ein-/Auslage-
rung und Stationsbedienung durchzuführen. Die Kenngröße der
Ordinate beträgt etwa 2,05. Mit abnehmendem Abszissenwert
wächst dieser Wert auf 2,25 an. Dies bedeutet, daß mehrere
Einzelspiele je Palette durchgeführt werden.
Die Streuung der Kennlinienwerte wird mit zunehmendem Abs-
zissenwert kleiner, weil sich ein stationärer Zustand des
Transportablaufs einstellt.
Die Kennlinie vereinfacht nicht nur die Darstellung der Si-
mulationsergebnisse, sondern sie ist auch für den Planer von
FFS von besonderem Interesse. Ist sie nämlich einmal erstellt,

so lassen sich umgekehrt beliebig viele Kombinationen von
Parameterwerten aus der Systemkennlinie und den Kenngrößen
entnehmen. Dies ist zulässig, da die Parameter der Normfaktoren linear voneinander abhängen. Wie dabei vorzugehen ist,
wird an einem Beispiel in [46] erläutert.

Generell lassen sich bei unterschiedlichen Voraussetzungen jeweils die restlichen Parameterwerte festlegen. Jede Kennlinie
dient damit zur Auslegung von Systemen, die von der Struktur
und den Transportaufgaben her ähnlich sind.

Da die Normfaktoren die Möglichkeit bieten, die mittleren
Transportzeiten der betrachteten Systeme zu berechnen, kann
außerdem auf eine besondere Darstellung dieses wichtigen
Parameters verzichtet werden.

Soll die Kennlinie der Variante A1 auch den Einfluß der mehrstufigen Fertigung berücksichtigen, ist eine weitere Normierung notwendig. Grundlage ist die Anzahl der Transporte je Palette, die von der Zahl der Fertigungsstufen je Werkstück
$z_{F,WS}$ abhängt. Es gilt:

$$\frac{z_P}{z_{T,BED}/z_{BED}} = \frac{z_{SCH}}{z_{SCH} + z_{BED} \cdot z_{F,WS}} = \rho \qquad (8/5)$$

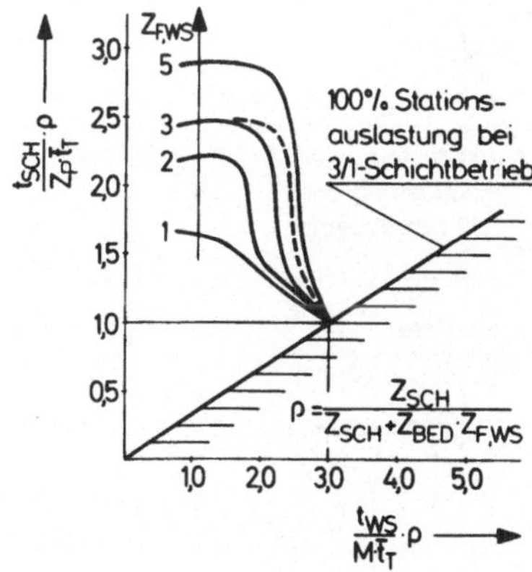

Bild 8-2: Normierung der mehrstufigen Fertigung im
3/1-Schichtbetrieb

Werden die Normfaktoren in der Abszisse und Ordinate um den
Faktor ϱ erweitert, zeigt sich folgender Zusammenhang
(Bild 8-2). Die Kennlinien vereinigen sich alle in dem Punkt
mit dem Ordinatenwert 1,0 und Abszissenwert 3,0, der eine
volle Stationsauslastung im 3/1-Schichtbetrieb charakterisiert.
Bei kleineren Abszissenwerten fächern sich die einzelnen
Kennlinien jedoch sehr stark auf. Der Grund hierfür liegt in
dem Faktor ϱ , der im 3/1- und 1/1-Schichtbetrieb unterschiedliche Werte annimmt. Damit können die beiden Schichtbetriebsarten nicht mehr gleichzeitig dargestellt werden.

In der 1/1-Schicht entsteht bei mehrstufiger Fertigung eine
waagrechte Kennlinie, die einen mittleren Ordinatenwert von
1,2 aufweist (Bild 8-3). Die Abweichung vom theoretischen
Wert 1,0 ist darauf zurückzuführen, daß einige Doppelspiele
in Einzelspiele aufgesplittet sind.
Von den betrachteten Parametern der Variante A1 sind damit
alle außer der Umspannzeit in den Kennlinien enthalten.

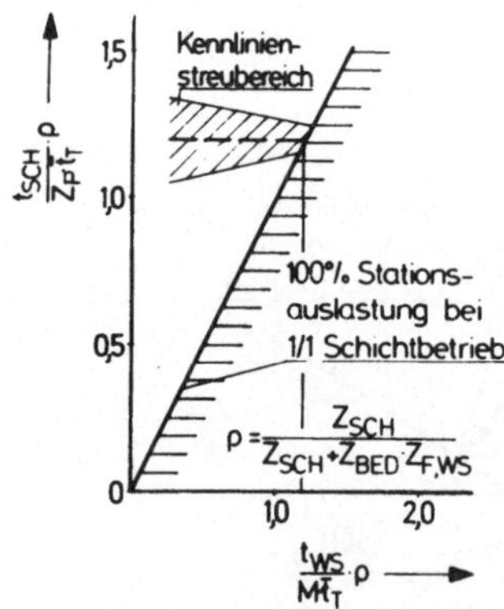

Bild 8-3: Normierung der mehrstufigen Fertigung
im 1/1-Schichtbetrieb

In der Werkstückflußvariante A2 reduziert sich die Normierung
auf das SBG, das die Stationen bedient. Da es in jeder
Schicht dieselben Aufgaben hat, wird die Grenzlinie mit der
Steigung 1,0 aus dem 1/1-Schichtbetrieb gebildet.
Die Kennlinie ist auch bei mehrstufiger Fertigung eine Horizontale mit dem Ordinatenwert 1,0 (Bild 8-4).
Das Zeitverhalten von A3 leitet sich aus den beiden andern
ab. Deshalb entstehen für sie keine besonderen Normierungs-
aufgaben, auf die eingegangen werden müßte.

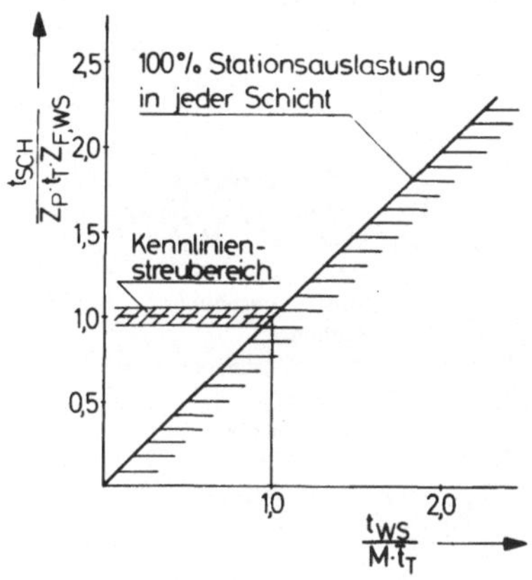

Bild 8-4: Kennlinie des Systems A2

Die Kennlinien des Umlaufspeichersystems B1 (Bild 8-5), dessen Palettenvorrat nicht eingeschränkt wird, schmiegen sich
sehr eng an die normierte lineare Grenzkurve mit der Steigung 1,0 an. Deshalb erscheint zur Ermittlung der Kenngröße
dieses Systems eine hyperbelförmige Grenzkurve günstiger.
Sie wird gebildet, indem die Normfaktoren in der ursprüng-
lichen Form an den Koordinaten abgetragen werden. Die mittlere Transportzeit $\bar{t}_T$ wird durch die Transportzeit zwischen
zwei Stationen $t_{T,MM}$ ersetzt. Um auch die letzte Station
rechtzeitig zu bedienen, muß nämlich während der Bearbeitung

eines Werkstückes das nächste, das die Transportzeit
$M \cdot t_{T,MM}$ benötigt, nachgeladen werden.
Für diesen Grenzfall gilt:

$$t_{WS} = M \cdot t_{T,MM} \qquad\qquad (8/6)$$

Die Verwendung des Parameters $t_{T,MM}$ in den Normfaktoren ergibt im 1/1-Schichtbetrieb dieselbe Kenngröße wie bei den
andern Systemen mit den Ordinaten- und Abszissenwerten von
1,0. Die Auffächerung der Kennlinien bei kleineren Abszissenwerten ist auf die sehr große Transportkapazität der Rollenbahn zurückzuführen, die den steigenden Transportanforderungen durch mehr Stationen nachkommt.

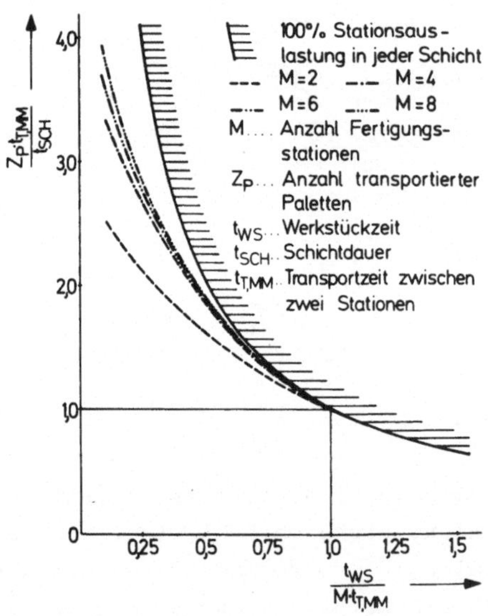

Bild 8-5: Kennlinien des Systems B1

9 Systemvergleich

9.1 Vergleich und Bewertung des Zeitverhaltens

Der Vergleich mehrerer Systeme ist unter zwei Blickrichtungen möglich. Entweder sind spezielle Systeme vorgegeben, deren Leistungsfähigkeit zu ermitteln ist, oder aber es sind wie im vorliegenden Falle die Eigenschaften prinzipieller Ausführungen einander gegenüberzustellen. Die zweite Aufgabe ist nur durchführbar, wenn die Systeme bezüglich bestimmter Eigenschaften ähnlich sind.

So müssen die zu vergleichenden Varianten dieselbe Anzahl von Stationen aufweisen und identische Systemabmessungen haben. Außerdem muß die Wart schlangenorganisation und Prioritätssteuerung entsprechend ausgelegt sein (Kap. 4.2.1.2). Neben diesen Eigenschaften haben die integrierten Funktionen eine wesentliche Bedeutung. Ein Umlaufspeichersystem besitzt keine echte Zentralspeicherfunktion und ist deshalb mit andern Systemen nur im 1/1-Schichtbetrieb vergleichbar.

Als Zielgrößen bieten sich zunächst die ermittelten Kenngrössen und Kennlinien an. Sie sind jedoch infolge des komprimierten Informationsinhaltes für einen Vergleich nur bedingt geeignet. Deshalb werden wie für die einzelnen Simulationsergebnisse die Zielparameter Palettenfrequenz, Werkstückzeit usw. verwendet. Im Gegensatz zu den dortigen Untersuchungen soll hier jedoch das Zeitverhalten der Systeme nur anhand eines typischen Beispiels gezeigt und gegenübergestellt werden. Auf einzelne Besonderheiten wird nicht mehr eingegangen.

In der Planung ist vor allem die Werkstückzeit t^*_{WS} und die Art des Transportmittels, charakterisiert durch v_x, von Interesse, die in einem FFS realisiert werden können. In Bild 9-1 sind deshalb mehrere Kurven dargestellt, die für die betrachteten Werkstückflußvarianten die volle Stationsauslastung in Abhängigkeit von der Transportgeschwindigkeit und Werkstückzeit verkörpern.

Vergleichsbasis sind der 1/1-Schichtbetrieb, da das Umlaufspeichersystem nur in dieser Betriebsart arbeitet, sowie

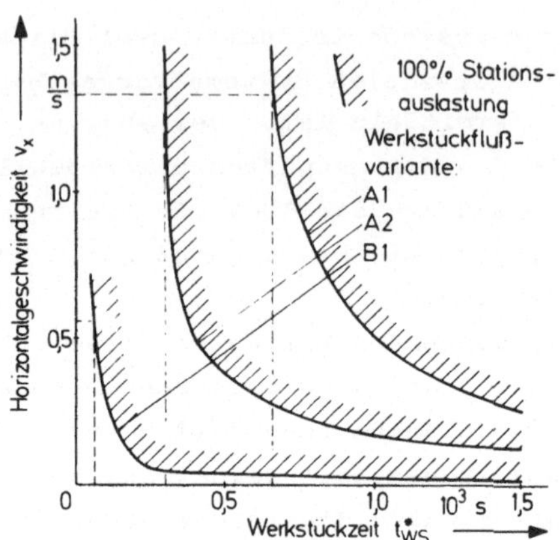

<u>Bild 9-1</u>: Systemvergleich im 1/1-Schichtbetrieb

sechs Fertigungsstationen, einstufige Fertigung, eine unbe-
grenzte Palettenanzahl und eine vernachlässigbar kleine Umspannzeit.

Das System A1 benötigt für eine maximale Geschwindigkeit
v_x=1,33 m/s eine Werkstückzeit t^*_{WS}=650 s. Der Einsatzbereich
dieses Werkstückflusses erstreckt sich also im 1/1-Schicht-
betrieb auf Werkstückspektren, die eine mittlere Werkstückzeit von 650 s nicht unterschreiten.

Die Aufgabenverteilung im System A2 verschiebt die Kurve nach
links in Richtung Koordinatenursprung. Für v_x=1,33 m/s beträgt
dann die Werkstückzeit t^*_{WS}=310 s.

Ein Umlaufspeichersystem (B1) stellt im Hinblick auf das
Zeitverhalten den günstigsten Fall dar. Die Ursache hierfür
findet sich in der relativ hohen Kapazität der Rollenbahn.

Der Vergleich im 3/1-Schichtbetrieb beschränkt sich auf die
Systeme mit linienförmiger Struktur. Die Variante A3 mit dem
ZBG als Engpaß und die Variante A1 werden durch eine Kurve

dargestellt (Bild 9-2).

Die zweite Kurve charakterisiert die Variante A2. Sie ist
aufgrund der Aufgabenteilung ähnlich wie beim 1/1-Schicht-
betrieb nach links verschoben. Die Werkstückzeit beträgt damit für v_x=1,33 m/s nicht mehr 1300 s, sondern 925 s.

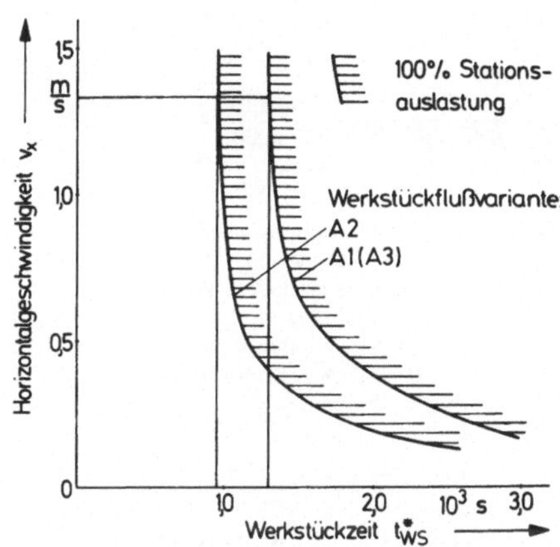

<u>Bild 9-2:</u> Systemvergleich im 3/1-Schichtbetrieb

Für einen Systemvergleich ist es nicht nur wichtig, das bear-
beitbare Werkstückspektrum zu kennen, sondern auch das Leistungsvermögen der verschiedenen Transportmittel einander
gegenüberzustellen, das sich unter anderem in der realisier-
baren Palettenfrequenz f_P ausdrücken läßt.
Bild 9-3 beschreibt die Palettenfrequenzen linienförmiger
Strukturen im 1/1-Schichtbetrieb bezogen auf das Umlaufspeichersystem. Die Differenz Δf^*_P=1,1 · 10^{-2} 1/s der Kurve an
der Stelle $t_{T,MM}$=120 s bedeutet, daß die Palettenfrequenz
der Variante A2 bei voller Stationsauslastung um
1,1 · 10^{-2} 1/s höher liegt als die Palettenfrequenz f_P
des Umlaufspeichersystems mit einer Transportzeit $t_{T,MM}$=120 s.
Liegt der Wert von $t_{T,MM}$ über 180 s, erscheint aufgrund der

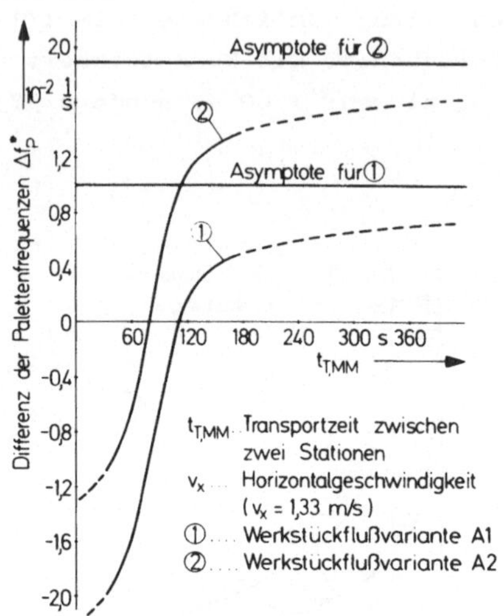

Bild 9-3: Vergleich der Palettenfrequenzen bei
1/1-Schichtbetrieb

Kurvencharakteristik der Einsatz von Systemen mit linienförmiger Struktur immer vorteilhaft. Auch wenn nur ein RBG
eingesetzt ist, wird ein besseres Ergebnis als beim Umlaufspeicher erzielt. Der Sachverhalt ist aus den beinahe horizontalen Kurvenästen der linienförmigen Strukturen ersicht-
lich. Im Bereich 70 s $\leq t_{T,MM} \leq$ 180 s bewirkt eine Verkürzung
der Transportzeiten eine starke Verschiebung zugunsten des
Umlaufspeichers, die sich ab einem Grenzwert von $t_{T,MM}$=120 s
besonders deutlich auswirkt. Hier können alternativ alle
untersuchten Varianten eingesetzt werden. Wird die Differenz
Δf_P^* kleiner Null, ist der Einsatz einer Rollenbahn zu em-
pfehlen. Andere Horizontalgeschwindigkeiten der RBG als
v_x=1,33 m/s, die hier vorausgesetzt wird, ändern nichts
an den getroffenen Aussagen [47].
Der Vergleich des Zeitverhaltens der betrachteten Systeme

kann zusammengefaßt werden wie folgt.

Im 1/1-Schichtbetrieb zeigt das Umlaufspeichersystem das
beste Zeitverhalten, gefolgt von der Variante A2. Dadurch
kann es Werkstücke fertigen, die das Leistungsvermögen der
linienförmigen Varianten mit Regalbediengeräten überfordern.

Sind autonome Schichten vorgesehen, entfällt durch die notwendige Zentralspeicherung der Umlaufspeicher als Alternative. Vom Zeitverhalten her sind nur die Varianten A1 und A2
zu unterscheiden, da die Variante A3 im wesentlichen A1 entspricht.

Ein weiterer Aspekt soll hier noch einmal zusammengefaßt betrachtet werden. Es hat sich gezeigt, daß im 1/1-Schichtbe-
trieb und beschränkter Palettenanzahl ab einer Umspannzeit
von t_u=1000 s keine gravierenden Unterschiede des Zeitverhaltens der einzelnen Systeme festgestellt werden können (Kap.
6.5). Damit ist in diesem spezifischen Fall keine Variante
mehr aufgrund des Zeitverhaltens zu bevorzugen. Die Auswahl
eines Systems erfolgt dann nur noch nach konstruktiven oder
kostenabhängigen Gesichtspunkten.

9.2 Kostenvergleich

Die Untersuchung der entwickelten Werkstückflußvarianten
wird durch Wirtschaftlichkeitsbetrachtungen abgeschlossen.
Die Wirtschaftlichkeit ergibt sich aus dem Verhältnis der
erzielten Leistung wie z.B. dem Werkstückausstoß zu den dafür eingesetzten Aufwendungen [54,55]. Da ein Vergleich der
Werkstückflußsysteme angestrebt wird, müssen nur die Kosten
berücksichtigt werden, die in den Varianten einen unterschiedlichen Wert annehmen. Damit entfallen Kostenfaktoren wie Fertigungsstationen oder Spänefluß usw. Differierende Auswir-
kungen auf die Materialflußsteuerung werden außerdem ver-
nachlässigt.

Zur Ermittlung der Wirtschaftlichkeit wird aufgrund der genannten Aspekte die statische Kostenvergleichsrechnung eingesetzt. Sie stellt die Kosten der Werkstückflußsysteme einander gegenüber und erzielt so die kostengünstigste Lösung.

9.2.1 Grundlagen der Kostenvergleichsrechnung

Die Aufwendungen für den Werkstückfluß entstehen aus den Kosten für das Transportmittel, Werkstückspannplatz, Paletten, Regal und Personal. Die Berechnung der Kosten erfolgt nach der Richtlinie VDI 3258 [56,57], in der die Kostenrechnung mit Maschinenstundensätzen definiert ist. Die dabei auftretenden Kostenarten sind mit den entsprechenden Werten der einzelnen Einrichtungen in Tabelle 9-1 eingetragen.

Bezeichnung	Verkettungseinrichtung im System				Palette	Umspann-tisch
	A1	A2	A3	B1		
Beschaffungswert (DM)	75 000	150 000	150 000	800 000	3 000	30 000
Kostenarten						
Kalkulatorische Abschreibung bei 8 Jahren Nutzungsdauer(DM/Jahr)	9 375	18 750	18 750	100 000	375	3 750
Kalkulatorische Zinsen(DM/Jahr) (8% des halben Beschaffungswertes)	3 000	6 000	6 000	32 000	120	1 200
Instandhaltung,Wartung(DM/Jahr)	3 750	7 500	7 500	40 000	150	1 500
Platzkosten(DM/Jahr) bei 60DM/m^2	3 000	3 900	4 200	3 000	-	240
Energiekosten (DM/Jahr)	2 880	5 760	5 760	8 500	-	144
Summe der Kosten (DM/Jahr)	$K_T =$ 22 005	$K_T =$ 41 910	$K_T =$ 42 210	$K_T =$ 183 500	$K_P =$ 645	$K_{UT} =$ 6 834

Tabelle 9-1: Jährliche Kosten

Zur Vereinfachung werden anstatt der Wiederbeschaffungswerte die momentanen Werte verwendet. Sie orientieren sich an den Kosten der Pilotanlage. Die Kosten der Verkettungseinrichtung des Umlaufspeichers B1 richten sich nach Geräten, die in der Industrie verwendet werden. Für die jährlichen Instandhaltungs- und Wartungskosten werden 5 % des Beschaffungswertes angesetzt. Den Energiekosten ist eine Einschaltdauer von 1,0, die mit der jährlichen Nutzungszeit zu multiplizieren ist, und ein Betrag von 0,15 DM/kWh zugrundegelegt.

Das Ergebnis der Tabelle sind die jährlichen Aufwendungen

für die Verkettungseinrichtungen, sowie je Palette und Umspanntisch. Auf der Basis dieser Werte errechnen sich die gesamten Kosten K_G eines Werkstückflusses wie folgt:

$$K_G = K_T + Z_{P,v} \cdot K_P + Z_{UT} \cdot K_{UT} + Z_L \cdot K_L \qquad (9/1)$$

Die Gleichung 9/1 berücksichtigt nicht die Kosten für den Zentralspeicher, die vernachlässigbar klein sind. Die Lohnkosten, die mit der Anzahl der benötigten Personen Z_L zu multiplizieren sind, werden mit $K_L = 50\ 000.-\text{DM/Jahr}$ angenommen. Die Werte der Parameter Z_L und Z_{UT}, die noch unbekannt sind, werden anschließend ermittelt. Der Parameter $Z_{P,v}$ gibt alle in einem System verfügbaren Paletten an.

Die Zahl der auf dem Werkstückspannplatz benötigten Personen Z_L ist von der Werkstückanzahl Z_{WS}, der Schichtdauer t_{SCH} und der Umspannzeit t_u abhängig.

Die je Tag und Person umgespannte mittlere Werkstückanzahl $Z_{WS,L}$ errechnet sich aus:

$$Z_{WS,L} = \frac{t_{SCH}}{t_u} \qquad (9/2)$$

Aus dieser Gleichung, die keine Ausfallzeiten des Personals berücksichtigt, resultiert die Zahl der durchschnittlich auf dem Werkstückspannplatz einzusetzenden Personen mit:

$$Z_L = \frac{Z_{WS}}{Z_{WS,L}} \qquad (9/3)$$

Für die Gleichung 9/1 ist weiterhin die Anzahl der Umspanntische Z_{UT} des Werkstückspannplatzes zu ermitteln, an denen das Personal arbeitet.

Die je Tag auf einem Umspanntisch gespannte Werkstückanzahl $Z_{WS,UT}$ kann bestimmt werden durch:

$$Z_{WS,UT} = \frac{Z_{BED} \cdot t_{SCH}}{t_u} \qquad (9/4)$$

Daraus folgt die Anzahl der Umspanntische:

$$Z_{UT} = \frac{Z_{WS}}{Z_{WS,UT}} \qquad (9/5)$$

Da der in den Gleichungen verwendete Parameter Z_{WS} aus den Simulationen bekannt ist, lassen sich die gesuchten Größen bestimmen. Weiterhin wird ein Nutzungsfaktor der Fertigungsstationen von 0,8 vorausgesetzt. Im 3/3-Schichtbetrieb muß zusätzlich die 90 % Stationsauslastung aufgrund der beschränkten Palettenanzahl berücksichtigt werden. Die Größen sind wie die restlichen zur Kostenermittlung notwendigen Parameter in Tabelle 9-2 eingetragen.

Werkstückfluß-variante	Schicht-betrieb	$\frac{t^{*}_{WS}}{s}$	$\frac{t_u}{s}$	$Z_{P,v}$	Z_{UT}	Z_L	Nutzungs-faktor	M	Grenz-stückzahl
A1	3/3	650	500	16	5	12,46	0,72	6	114 845
	3/1	1300	500	265	7	6,91	0,8	6	63 802
A2	3/3	310	500	16	9	27	0,72	6	240 805
	3/1	925	500	372	10	9,7	0,8	6	89 669
A3	3/3	650	500	16	5	12,46	0,72	6	114 845
	3/1	1300	500	265	7	6,91	0,8	6	63 802
B1	3/3	200	500	30	15	45	0,8	6	414 720

Tabelle 9-2: Kostenfaktoren

An dieser Stelle ist einzufügen, daß durch die Lagerung der nicht benützten Paletten keine Kosten entstehen, weil sie im Zentralspeicher (Regal) deponiert werden können, ohne das Zeitverhalten des Systems zu beeinträchtigen.
Auf der Basis der geschaffenen Grundlagen werden die Kosten der betrachteten Werkstückflußvarianten gegenübergestellt und die günstigste Lösung ermittelt.

9.2.2 Systemauswahl

Die Kosten des 1/1-Schichtbetriebes, der sich von dem im Anschluß eingeführten 3/3-Schichtbetrieb nur durch die zeitliche Nutzung eines Tages unterscheidet, sind in Bild 9-4 in
Abhängigkeit von den im Jahr gefertigten Werkstücken $Z_{WS,J}$
abgetragen. Die Jahresstückzahl wird aus der Werkstückzeit
und jährlichen Nutzungszeit von sechs Fertigungsstationen
errechnet.

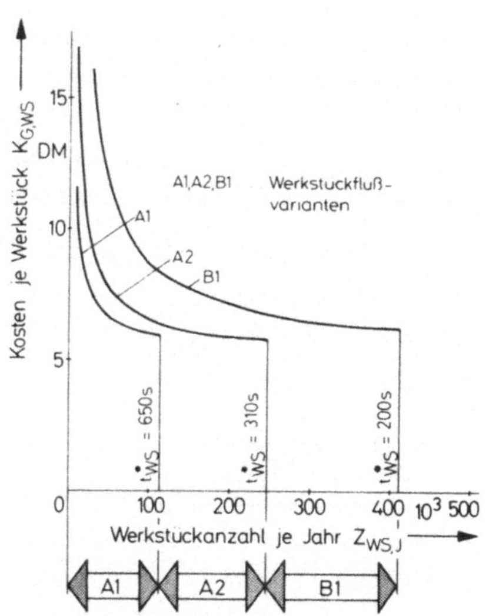

Bild 9-4: Kosten im 3/3-Schichtbetrieb

Da jede Werkstückflußvariante infolge des Zeitverhaltens eine
bestimmte Werkstückzeit t^{*}_{WS} nicht unterschreiten kann, ergibt
sich jeweils eine Grenzstückzahl, die als senkrechte Gerade
erscheint und die entsprechende Kostenkurve begrenzt.
Die eingezeichneten Kurvenäste schneiden sich nicht. Daraus
läßt sich der Schluß ableiten, daß immer die Variante mit
dem schlechteren Zeitverhalten bzw. der kleineren Grenzstück-

zahl zu bevorzugen ist, weil sie die geringeren Kosten verursacht. Aufgrund dieses Sachverhaltes können die Einsatzbereiche für die einzelnen Werkstückflußvarianten definiert
werden. Sie sind durch Pfeile unter der Abszisse markiert.

Dominante Kosten sind im 1/1-Schichtbetrieb die Löhne, die
je Bedienungsperson 50 000,-DM im Jahr betragen. Deshalb ändern sich die Kurven nur wenig, wenn die Kosten je Person
auf 30 000.-DM gesenkt werden, da sich alle Kurven gleich-
mäßig nach unten verschieben. Die angegebenen Einsatzbereiche
werden damit durch andere Parameterwerte nicht beeinflußt.

Ein Umlaufspeicher erfordert im Grenzfall fünfzehn Personen
je Schicht, wenn eine Umspannzeit von t_u=500 s vorausgesetzt
wird. Diese Anzahl ist organisatorisch nur schwer zu bewälti-
gen, so daß die Vorteile, die das Zeitverhalten des Umlaufspeichers bietet, kaum ausgenützt werden dürften. Eine Ver-

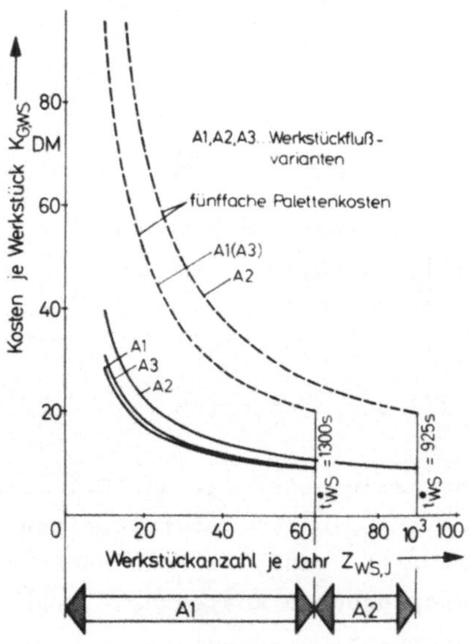

Bild 9-5: Kosten im 3/1-Schichtbetrieb

besserung der Situation setzt deutlich kürzere Umspannzeiten
voraus.

Werden zwei autonome Schichten eingeführt (3/1-Schichtbetrieb),
ändert sich der prinzipielle Kurvenverlauf der betrachteten
Systeme nur wenig (Bild 9-5). Die Grenzstückzahlen liegen
allerdings durch die großen Werkstückzeiten t_{WS}^{*} bei wesentlich kleineren Werten. Da sich die Kostenkurven nicht schneiden, können die Einsatzgebiete der Varianten wiederum zwischen den Grenzstückzahlen angegeben werden.

Das System A3 kommt infolge der Kosten überhaupt nur zur Anwendung, wenn es die Randbedingungen erfordern.

Im nächsten Abschnitt soll zusammengefaßt werden, wie bei
der Planung und Auslegung flexibler Fertigungssysteme unter
Nutzung der hier erarbeiteten Ergebnisse grundsätzlich vorzugehen ist. Weiterhin sollen auch für FFS, die in ihrem Aufbau anders gestaltet sind, Hinweise für den zu beschreiten-
den Weg gegeben werden.

10 Konsequenzen für die Systemauslegung

Aus den durchgeführten Untersuchungen können folgende Aspekte zur Systemauslegung abgeleitet werden.

1. Das Konzept des FFS wird in den drei Planungsschritten Layoutplanung, Ermittlung des Zeitverhaltens und der Kosten erarbeitet.

2. Geeignete Materialflußstrukturen lassen sich aus dem Linien- und Schleifenprinzip entwickeln. Komplexe Strukturen werden nach dem Baukastenprinzip aus einzelnen Elementen aufgebaut, wie z.B. das System A3, das aus einem getrennten Stations- und Regalbereich besteht.

3. Die Organisation muß für eine flexible Fertigung einen schleifenförmigen oder strahlenförmigen Werkstückdurchlauf ermöglichen (Kap. 2.5.2). Höhere Organisationsformen wie vernetzte Systeme, bieten noch mehr Freiheitsgrade im Fertigungsablauf.

4. Das Zeitverhalten ist eine wesentliche Eigenschaft eines Systems. Die beeinflussenden Parameter können mit den in Kap. 4.2 dargestellten Methoden aufbereitet und optimiert werden. Die Systemsimulation ist für diese Aufgaben besonders geeignet.

5. Um eine hohe Transportleistung zu erzielen, sind die Transportmitteldaten zu optimieren. Dies betrifft hauptsächlich die Regalbediengeräte, die eine horizontale und vertikale Achse aufweisen (Kap. 6.2.1). Es gilt: $v_x/v_y=\bar{a}_x/\bar{a}_y=\bar{s}_x/\bar{s}_y$. Die Optimierung der Beschleunigungen ist im FFS infolge der kurzen Transportwege noch wichtiger als die der Geschwindigkeiten.

6. Die maximale horizontale Geschwindigkeit wurde mit $v_x=1{,}33$ m/s, die vertikale mit 0,56 m/s festgelegt (Kap. 6.2.2). Aufgrund dieser Geschwindigkeitswerte können die notwendigen Motordrehzahlen ermittelt werden, die neben den Momenten und der Regelbarkeit maßgebend für die Auslegung sind. Andere Systemabmessungen führen zu anderen Transportgeschwindigkeiten. Prinzipiell läßt sich jedoch immer ein Grenzwert angeben. Die Optimalgeschwindig-

keit der Rollenbahn beträgt 0,56 m/s.

7. Durch die Betrachtung von Grenzsituationen (t^*_{WS}, f^*_P) läßt sich der maximale Werkstückausstoß eines Systems, die Zentralspeichergröße (Regal) und die erforderliche Palettenanzahl ermitteln. Zur Optimierung der Kosten ist eine möglichst große Palettennutzung anzustreben (Kap. 6.7).

8. Die Werkstückumspannung wirkt sich im 3/1-Schichtbetrieb auf das Zeitverhalten nur wenig aus. Die Situation ändert sich im 1/1-Schichtbetrieb, vor allem bei einer beschränkten Palettenanzahl. Wird für alle Systeme dieselbe Palettenanzahl $Z_{P,v}=16$ vorausgesetzt, sind kaum noch Unterschiede im Zeitverhalten festzustellen, wenn $t_u \geqq 1000$ s beträgt.

9. Stochastische Werkstückzeiten beeinflussen nur das Zeitverhalten, wenn das Transportmittel ausschließlich die Stationen zu bedienen hat und außerdem den Engpaß darstellt (Kap. 6.1.3).

10. Das Zeitverhalten eines Systems kann in normierten Kennlinien und Kenngrößen zusammengefaßt werden (Kap. 8). Die komprimierte Darstellungsform ist hauptsächlich für zukünftige Planungen von Bedeutung, weil in einem Diagramm der Einfluß fast aller Parameter enthalten ist. Soll ein System konzipiert werden, das einer untersuchten Werkstückflußvariante in der Struktur, Funktion und den Transportaufgaben entspricht, lassen sich die notwendigen Parameterwerte aus den gebildeten Normfaktoren errechnen.

11. In der Planungsphase kommen zur Untersuchung des Zeitverhaltens hauptsächlich zwei Methoden in Betracht: die Simulationstechnik und die entwickelten analytisch mathematischen Gleichungen. Die Anwendungsgebiete der beiden Methoden konnten für die angegebenen Voraussetzungen durch die Bildung des Quotienten $t_G/\bar{t}_T$ und durch eine Fehlerabschätzung definiert werden. Ist der Quotient größer als 0,137 (Kap. 7.2) und weist das Regal mindestens fünfundzwanzig Fächer auf (Kap. 5.1.3), reicht die einfache analytische Methode zur Untersuchung und

Dimensionierung des FFS aus.

12. Der Vergleich der untersuchten Werkstückflußvarianten ergab, daß das System mit dem besseren Zeitverhalten auch höhere Werkstückkosten verursacht (Kap. 9). Deshalb ist ein System nur in direkter Abhängigkeit von den zeitlichen Anforderungen des Werkstückspektrums auszuwählen.

11 Zusammenfassung

Die Arbeiten im Bereich der FFS führten zu der Erkenntnis, daß
zur Planung solcher Systeme aufgrund der erforderlichen hohen
Planungsgenauigkeit die Untersuchung des Zeitverhaltens unum-
gänglich ist.
Zur Durchführung der Untersuchungen war es zunächst notwendig,
geeignete Methoden zu entwickeln und aufzubereiten sowie die
Einflüsse, resultierend vor allem auch aus dem Layout solcher
Systeme, zu ermitteln.
Unter Berücksichtigung der gegebenen Vielzahl von Parametern
und Komplexheit der FFS bietet sich in der Planung neben analytischen Methoden hauptsächlich die Simulationstechnik zur
Untersuchung des Zeitverhaltens an. Ihre hohe Abbildungsge-
nauigkeit wurde durch einen Vergleich mit Meßergebnissen bestätigt.
Die Anwendung der Simulation erfolgte an vier typischen Varianten von FFS, die aus der Vielzahl möglicher Lösungen ent-
wickelt wurden. Sie erlaubten eine ausführliche Untersuchung
der zeitlichen Einflußgrößen; gleichzeitig wurde auf die Kon-
sequenzen für die Materialflußauslegung hingewiesen. Bei zu-
künftig zu planenden Systemen, die den vorgestellten hinsichtlich der Funktion, Struktur, Organisation und den Transportaufgaben entsprechen, lassen sich die erzielten Ergebnisse
direkt verwenden. Eine wesentliche Unterstützung bieten hierbei die für jede Variante entwickelten Kennlinien, in denen
der Einfluß der neun wichtigsten Parameter enthalten ist.

Die zusätzliche Betrachtung der Kosten erlaubte außerdem, in
Abhängigkeit vom Werkstückspektrum, die Einsatzbereiche der
einzelnen Varianten zu definieren.
Liegen einem zu planenden System erheblich andere Vorausset-
zungen als angegeben zugrunde, so finden sich darüber hinaus
Hinweise, was in der Planung allgemein, beispielsweise bei
der Dimensionierung von Komponenten wie Antriebe, oder beim
Vergleich verschiedener Systeme, zu beachten ist.

Die Arbeit ist damit ein wesentliches Hilfsmittel zur Auslegung von FFS, das die Vielfalt der Anforderungen beschreibt
und Lösungsmöglichkeiten aufzeigt.

Berichte aus dem Institut für Steuerungstechnik der Werkzeugmaschinen und Fertigungseinrichtungen der Universität Stuttgart

Herausgegeben von Prof. Dr.-Ing. G. Stute

Bereits erschienen:

Bände in Vorbereitung siehe Rückseite

In Vorbereitung:

ISW 22: N. Kappen, Entwicklung und Einsatz einer direkten digitalen Grenzregelung für eine Fräsmaschine mit CNC, 112 S., 1979

ISW 24: D. Binder, Interpolation in numerischen Bahnsteuerungen ca. 130 S., 1979

ISW 25: O. Klingler, Steuerung spanender Werkzeugmaschinen mit Hilfe von Grenzregeleinrichtungen (ACC), ca. 125 S., 1979

ISW 26: L. Schenke, Auslegung einer technologisch-geometrischen Grenzregelung für die Fräsbearbeitung, ca. 113 S., 1979

Springer-Verlag
Berlin · Heidelberg · New York